Aggressions — verhalten beim Hund

UTE HEBERER
NORA BREDE
NORMEN MROZINSKI

UTE HEBERER
NORA BREDE
NORMEN MROZINSKI

Aggressionsverhalten beim Hund

MIT KOSMOS MEHR ENTDECKEN

Mit Fallbeispielen

SEIT 1822

KOSMOS

Inhalt

Zum Geleit

Zwei der Autoren dieses Buches sind Hundetrainer: Ute Heberer und Normen Mrozinski haben sich auf das Aggressionsverhalten von Hunden spezialisiert, und Ute Heberer leitet zudem ein Tierheim mit dem Schwerpunkt der Gruppenhaltung. Die dritte Autorin, Dr. Nora Brede, kommt aus der Evolutionsbiologie und arbeitet in der von ihr mitbegründeten und mitgeführten Ausbildungsstätte für Hundetrainer *KynoLogisch*.

Durch die Zusammenarbeit dieser Autoren entstand eine höchst gelungene Synthese von theoretischem Wissen und fein verstandener praktischer Erfahrung und damit eines der ausgewogensten Werke über das Aggressionsverhalten von Hunden. Praxisbezogenes muss keineswegs Schwächen haben, wenn es – wie hier – auf den theoretischen Dreh- und Angelpunkt bezogen, trefflich analysiert und dargestellt wird. Die Kooperation aus Theorie und Praxis überzeugt, sie ist schlicht wunderbar gelungen.

Es war das Jahr 2000, nach dem schrecklichen Beißvorfall in Hamburg, als Aggression zur Gefährlichkeit mutierte und der Hund zur »Bestie« wurde. Gefahrhundeverordnungen wurden in blindem Aktionismus erlassen und Hunderassen in gefährliche und ungefährliche separiert.

Seitdem wurden etliche Gesetze nachgebessert, Aggression wurde und wird jedoch immer wieder mit Gefährlichkeit gleichgesetzt, was natürlich unsinnig und faktisch nicht haltbar ist. Gefährliche (respektive aggressive) und ungefährliche Rassen gibt es gleichfalls nicht als biologische Kategorie, auch wenn die – je nach Bundesland variierenden (!) – Rasselisten in unschöner Uneinigkeit anderes verkünden. Das vorliegende Buch setzt sich überaus kenntnisreich mit dem aggressivem Verhalten auseinander, legt den Fokus etwa auf kommunikative Möglichkeiten und soziales Verhalten des Hundes sowie die jeweilige Einschätzung des Menschen. Denn Aggression ist ein soziales Regulativ, das etwa im Zuge eines Konfliktes auftritt, eine Kommunikation, die zugeordnet und beantwortet werden muss. Es gilt, »Einzelelemente in ihrer Gesamtheit zu erkennen und die Mischmotivation als Handlungsspielraum wahrzunehmen«, so der kluge Hinweis auf Grautöne. Rassebesonderheiten, die zu diesbezüglichen Fehleinschätzungen führen können, werden benannt.

Sowohl in der Konfrontation mit dem Menschen als auch mit Artgenossen dient das aggressive Ausdrucksverhalten in den meisten Fällen der Vermeidung und der – unblutigen – Lösung von Konflikten. Damit Ritualisiertes in diesem Kontext funktionieren kann, ist es zwingend erforderlich, dass Hunde über entsprechend weitreichende *Lernerfahrungen* im Umgang mit Artgenossen und Menschen verfügen.

Panik und Gleichmacherei sind ein schlechtes Duo, wenn es um die Prophylaxe von durch Hunde verursachte Beißzwischenfälle geht. Wichtig ist immer die individuelle Genese des Geschehens, will man Beißzwischenfälle verstehen und zukünftig wirkungsvoll verhindern.

»Gefährlichen Hunden« liegen also höchst unterschiedliche Genesen zugrunde, sowohl die frühe Verhaltensontogenese, in der gerade auch der Umgang mit Sozialpartnern in Konfliktsituationen oder bei Rivalitäten »prägend« gelernt wird (werden muss!) als auch das zum Zeitpunkt eines Übergriffs bestehende soziale Umfeld des Tieres mit allen Besonderheiten seiner Einbindung in dieses.

Zum entscheidend wichtigen Lernen in der Sozialisierungsphase eines Hundes sei gesagt:

Den grundsätzlichen Schlüssel zur aggressiven Kommunikation zwischen Hunden und Menschen liefert für mich das Antwortverhalten des Menschen auf soziale Exploration des Hundes: Der Welpe zwickt – und der Mensch antwortet nonverbal mit »Nein«. So lernt der Kleine über das regulierende Sich-Einbringen des Menschen. Gibt es dafür keine Möglichkeiten, wird sein Weg schwieriger werden.

Das Zusammenleben mit Menschen und deren Einflussmöglichkeiten auf das soziale Verhalten des Hundes sind ein ganz entscheidender Faktor zur Kennzeichnung seiner sozialen Möglichkeiten, seiner Verträglichkeit und Eingepasstheit in das Zusammenleben mit Menschen allgemein.

Es geht also um die Erziehung von Hunden, darum, dass Hunde von vornherein die Regeln des sozialen Miteinanders lernen und ganz klar wissen, dass sie in ein soziales System eingebunden sind, *das ihnen Freiheit durch Grenzsetzung gibt.* Dazu gefiel mir sehr: »Dominanz gibt es in einer Beziehung da, wo sie ein Hund anwendet und ein anderer sie akzeptiert. Dominanz ist im übertragenen Sinne das ›Bitte‹, das wir an die Essensbestellung anhängen. Es ist die Forderung nach dem Aufräumen des Zimmers, bevor es Taschengeld gibt«. Diese Sicht kommt der Dominanz sehr feinfühlig sehr nah, so finde ich.

Brandgefährlich bleibt das »unabsichtliche Aggressionstraining respektive Beutefangtraining«.

Die Verwechslung von Jagdverhalten und Aggression ist ein alter Irrtum, auf den Konrad Lorenz bereits in den 1960er-Jahren verwies. Jagdverhalten hat nichts mit Aggressivität zu tun, kein Hund hat dem Hasen oder Reh gegenüber aggressive Motive, an beiden Verhaltensbereichen sind unterschiedliche neuronale Schaltkreise beteiligt.

Der Vollständigkeit halber sei hier hinzugefügt: Doch, Jagdterrier »vergessen« sich mitunter.

Gefährlich wird es, wenn sich Sequenzen beider Bereiche lernbedingt verbinden, wenn also letztendlich aus Aggressionsverhalten ein jagdliches Motiv wird. Denn für dieses ist die Endhandlung das Töten der Beute.

Auf all diese Bereiche und noch weit mehr gehen die Autoren des vorliegenden Buches ein. Schließlich werden Fallbeispiele aus dem Alltag von Tierheimen und Hundetrainern vorgestellt, so individuell, wie es der Hund mit seiner Geschichte und seinen Erfahrungen ist und – mit großer Vorsicht wie Umsicht – einige Vorgehensweisen beim Training.

Die Berichte verdeutlichen, wie wenig normiert und einfach Aggressionsverhalten zu kategorisieren ist und beeindrucken durch einen grundlegend soliden Kenntnis- wie Erfahrungsschatz, gepaart mit großer Feinfühligkeit und Liebe zum Hund.

Ein rundum geglücktes Buch zu einem immer wieder verkannten Verhaltensbereich. In diesem Sinne, danke für das schöne Buch!

Dr. Dorit Urd Feddersen-Petersen
Ethologin
Fachtierärztin für Verhalten und Tierschutz
Christian-Albrechts-Universität zu Kiel

KAPITEL 1

Wer hat Angst vor dem bösen Hund?

Dass Hunde ihre Zähne zur Lösung von Konflikten einsetzen, ist nicht neu. Trotzdem reagieren viele Hundehalter schockiert, wenn ihr geliebter Vierbeiner einen Artgenossen oder – noch schlimmer – einen Menschen beißt. Wie konnte das passieren? Ist mein Hund gefährlich? Was passiert jetzt mit ihm und was muss ich tun? Sorge und Verunsicherung sind die Folge, und das nicht ohne Grund. Gerade wenn Hunde Menschen beißen, müssen wir als Hundehalter mit erheblichen Konsequenzen rechnen: Wird der Vorfall zur Anzeige gebracht, drohen uns Auflagen, die der Gesetzgeber vorsieht, um die Umwelt vor dem »gefährlichen« Hund zu schützen. Ein Sachkundenachweis und der Wesenstest sind dabei vielleicht – und je nach Hund – sogar noch die Hürden, die sich der Halter zu nehmen zutraut. Eine erhöhte Hundesteuer, die für gefährliche Hunde je nach Bundesland angesetzt wird, kann sich empfindlich auf den

Kontostand auswirken, und in schwierigen Fällen wird ein dauerhafter Leinen- und Maulkorbzwang für den Hund auferlegt. Letztlich und im ungünstigsten Fall droht allerdings etwas, wovor sich die meisten Hundehalter fürchten: Die Wegnahme oder Einschläferung des geliebten Tieres.

Der Umgang mit dem Thema »aggressiver Hund« und die Reaktionen auf ein solches Verhalten haben sich in den letzten zwei Jahrzehnten massiv gewandelt. Wenn wir als kleine Kinder auf dem Land den Hofhund des Bauern von nebenan geärgert haben und dieser uns als Quittung in die Finger gebissen hatte, durften wir uns bei unseren Eltern eine ordentliche Standpauke darüber abholen, dass man fremde Hunde nicht anfasst und vor allem nicht ärgert. Spätestens als im Jahr 2000 ein tödlicher Beißvorfall mit einem Kind die Gesellschaft erschütterte, wurde – von Medien ordentlich befeuert – kaum noch sachlich diskutiert, sondern in blindem Aktionismus eine Reihe von Gesetzen und Verordnungen erlassen, die die Bevölkerung vor der vermeintlichen »Bestie Hund«, wie eine große deutsche Boulevardzeitung titelte, schützen sollten. Was dabei herauskam, ist hinlänglich bekannt. Hunde, die bis dato ein Leben als ganz normaler Familienhund geführt hatten, galten fortan als gefährlich, weil sie auf einer – je nach Bundesland variierenden – Rasseliste standen.

Es ist schon verrückt: Wären Sie beispielsweise wohnhaft in Bad Camberg in Hessen und würden sich einen Dogo Argentino kaufen, dann gälte dieser als gefährlich – mit allen Konsequenzen. Verlegen Sie indes Ihren Wohnort in das zwanzig Kilometer entfernte Bundesland Rheinland-Pfalz, dann würde der Hund vom Gesetzgeber als harmlos angesehen werden, denn er steht dort nicht auf der Rasseliste. Dass es sich bei der Rasse Dogo Argentino um einen Jagdhund und nicht um einen sogenannten »Kampfhund« handelt, ist dabei unerheblich. Der Mastino Napoletano findet sich auch auf verschiedenen Rasselisten, mit dem Hinweis darauf, dass diese Rasse für Hundekämpfe verwendet wurde – im alten Rom vor ca. 2 000 Jahren wohlgemerkt. Der Mastino von heute hat praktisch nichts mehr mit seinen Vorfahren gemein und ist körperlich kaum mehr in der Lage, gegen wen oder was auch immer zu kämpfen. Eindrücklich lässt sich der Wandel dieser Rasse verfolgen, wenn man historische Abbildungen, wie Mosaiken aus der römischen Zeit, mit den heutigen Gewinnern von Rasseschauen vergleicht. Vor dem Gesetz spielt diese Tatsache in der Bewertung allerdings keine Rolle. Recherchiert man weiter, dann stellt man auch fest, dass es kein wissenschaftlich haltbares Gutachten gibt, das eine Einteilung in gefährliche und ungefährliche Rassen zulassen würde.

Das sind nur einige Argumentationsansätze, die die Fragwürdigkeit unserer Hundegesetze verdeutlichen. Die noch fragwürdigere Art und Weise, wie das »Wesen« des Hundes dann tatsächlich getestet wird, haben wir noch nicht einmal angesprochen. Unbestritten ist allerdings, dass es Rassen gibt, die ein gewisses Potenzial haben, als »gefährlich« auffällig zu werden. Unter ihnen finden sich vermeintliche Familienhunde, Vertreter von als ungefährlich eingestuften Hunderassen, die es in sich haben und die wegen der Merkmale, die einst durch Zuchtauslese in dieser Rasse gefördert wurden, Artgenossen und Menschen zumindest potenziell ernsthaft verletzen würden.

Der überwiegende Teil der Hunde, die mit Beißvorfall vorstellig werden, sind Familienhunde – so leben Hunde nun einmal in unserer heutigen Gesellschaft. Wie eingangs schon erwähnt, ist es nichts Neues, dass Hunde beißen, und es ist für diejenigen, die sich beruflich mit Hunden beschäftigen, in etwa so überraschend wie die Tatsache, dass Politiker ihre Wahlversprechen häufig nicht einhalten. Was sich jedoch unserem Empfinden nach massiv geändert hat, ist unser Umgang mit Aggression. Das hängt sicher auch damit zusammen, welche Rolle unsere Hunde heute in unserem Leben einnehmen. Der Hund ist sprichwörtlich der beste Freund des Menschen – viel mehr noch:

Für viele Menschen ist er ein Sozialpartner und subjektiv empfunden ein echtes Familienmitglied. Schließen wir den Kreis zu der Thematik, um die es hier geht, dann wird deutlich, wie eminent wichtig die Frage ist: Wer möchte schon einen »Gewalttäter« in seinem innersten Kreis haben?

Aggressives Verhalten begegnet uns eigentlich immer und überall, sei es, weil wir selbst einen aggressiven Fahrstil pflegen, die Spieler unseres Lieblingsfußballvereins aggressiv in die Zweikämpfe gehen oder weil der Gewerkschafter aggressive Verhandlungen führt, damit wir mehr Gehalt bekommen. Dass auch wir Menschen aggressiv sind, scheint vollkommen normal, wenn man diese Beispiele als das nimmt, was sie objektiv betrachtet sind: Aggression. Denn die Aggressivität – die Biologie beschreibt damit die innere Bereitschaft des Organismus, sich aggressiv zu verhalten – ist bei uns allen vorhanden. Und jeder von uns, der mal kurz vor einem wichtigen Termin im Stau stand oder auf die verspätete Bahn wartete, kennt das Gefühl, wenn die innere Bereitschaft ansteigt, dem Erstbesten, der sich unseres Erachtens fehlverhält, mal so richtig ordentlich »die Meinung zu geigen«. Die Frage ist, ob unser Verhalten dann angemessen ist oder nicht. Wenn wir am Steuer schimpfen und fluchen, um unserem Ärger Luft zu machen, ist das völlig in Ordnung (außer die Fenster sind geöffnet oder das Abteil voll besetzt). Steigen wir jedoch wutentbrannt aus dem Auto und treten unserem Nebenmann eine Beule in die Fahrertür oder gar an das Schienbein, so wäre das ein inadäquates Verhalten. Ob wir aber angemessen reagieren oder nicht, hängt von vielen Faktoren ab. Einer der wichtigsten ist, dass wir erst einmal lernen müssen, was im Rahmen des Akzeptierten liegt und was nicht. Der Mensch lernt das gewöhnlich in der Familie, im Kindergarten und während der Schulzeit – und wir sind uns sicher, jeder von uns hat sich hier und da einmal ausprobiert und einmal über die Stränge geschlagen.

Dasselbe gilt im Grunde auch für unsere Hunde, und gleichzeitig liegt da häufig die Ursache des Problems. Viele Hunde haben mit acht oder neun Wochen die letzte Chance, sich in Sachen aggressiver Kommunikation zu probieren – mit ihrer Mutter und ihren Wurfgeschwistern. In vielen Welpengruppen, die die neuen Halter dann besuchen, wird Aggressionsverhalten sofort unterbunden. Die Folge ist, dass jungen Hunden mitunter elementare Lernerfahrungen vorenthalten werden, auch wenn das nicht absichtlich geschieht. Wenn dann im Lauf der Entwicklung die Hormone mit dem geliebten Vierbeiner durchgehen und es – aus seiner Sicht – plötzlich gute Gründe gibt, die Zähne einzusetzen, sind das Erstaunen und der Schreck bei den Besitzern groß.

In diesem Buch möchten wir dem Thema »Aggressionsverhalten beim Hund« den Schrecken nehmen und es als das darstellen, was es erst einmal ist: ein angeborenes, evolutionsstabiles, weil überlebensnotwendiges und deswegen völlig normales Verhalten. Warum und weshalb es zu schlimmen Vorfällen kommen kann, wo die Ursachen und Auslöser für das Verhalten liegen und wie man damit gegebenenfalls umgehen oder es bestenfalls verhindern kann – dafür möchten wir in diesem Buch Ansätze liefern und aus unserer praktischen Arbeit berichten. Denn ein Hund, der knurrt, ist nicht gefährlich. Er kommuniziert. Diese schöne Formulierung stammt von der hochgeschätzten Verhaltenswissenschaftlerin Dr. Dorit Feddersen-Petersen. Unsere Hunde brauchen nicht nur die Möglichkeit zu kommunizieren, sie sollten auch das Recht haben, sich wie Hunde verhalten zu dürfen. Sie haben uns jede Menge mitzuteilen, und wenn es uns gelingt, ihre Botschaften zu verstehen, dann können wir nicht nur viel Leid bei Mensch und Hund verhindern, sondern unser Leben mit Hunden auch um wertvolle Aspekte bereichern.

In diesem Sinne wünschen wir Ihnen viel Freude mit diesem Buch.

Aggression ist Normalverhalten

Ethologisch, also verhaltenswissenschaftlich betrachtet, gehört Aggression zu einem Komplex von Verhaltensweisen, die in ihrer Gesamtheit als *agonistisches Verhalten* bezeichnet werden (siehe Exkurs »Ethologie«, Seite 156). Besonders ausgeprägt findet man jede Form agonistischen Verhaltens bei höheren Lebewesen, die in Sozialverbänden leben, weil sie ein unerlässlicher Teil der Kommunikation ist. Die Agonistik umfasst zwei sehr gegensätzlich wirkende Verhaltensweisen, nämlich das *Offensiv- oder Angriffsverhalten* und das *Defensiv- oder Abwehrverhalten*: nach vorn im Fall eines Angriffs und nach hinten, wenn ein Hund auf Abwehr geht oder sogar flüchtet. Ausgelöst wird es meist durch eine Störung eines Artgenossen oder eben eines Menschen – Ziel ist es immer, die eigenen Interessen durchzusetzen. Das eigene Interesse kann dabei eine ganz unterschiedliche Motivation haben: Einen Rivalen zu vertreiben, den beliebten Liegeplatz zu behalten, der Krallenschere zu entgehen oder eben sein Leben vor einer (vermeintlichen) Gefahr zu retten. Über das Ausmaß agonistischen Verhaltens in seiner natürlichen Form sollte man sich immer bewusst sein, denn nur dann kann man das Erlebte aus diesem Bereich – und damit auch das aggressive Verhalten – im rechten Licht betrachten. Feddersen-Petersen (2001) formulierte es folgendermaßen:

> Aggression ist ein unverzichtbarer Bestandteil des Sozialverbandes, ein Regulativ für das Zusammenleben, für das ausgewogene Zusammenarbeiten und Streiten um Ressourcen, Requisiten und Randbedingungen (Futter, Platz, Bindungspartner) in hierarchisch strukturierten Verbänden, Rudeln oder Gruppen.

Bevor wir uns im Folgenden mit den verschiedenen Formen der Aggression beschäftigen, so wie sie von der Ethologie beschrieben und erforscht wurden, setzen wir uns noch mit einem weiteren, oft missverständlich verwendeten Begriff auseinander, der *Aggressivität*. Der Begriff der Aggressivität beschreibt die innere Bereitschaft eines Lebewesens, sich aggressiv zu verhalten, und ist bei allen von uns mehr oder weniger stark ausgeprägt. Mehr noch, Gattermann (2006) formulierte die Aggressivität als ein Maß, das im Dienst einer Reihe verschiedener Funktionskreise (siehe hierzu den Exkurs zum Thema »Funktionskreise«, Seite 158) steht.

Was geht in unserem Kopf vor?

Dass wir bereit sind, uns aggressiv zu verhalten, hat die Natur klug eingerichtet. Denn weil sich aggressive Verhaltensweisen im Lauf der Evolution als nützlich herausgestellt haben, existieren sie heute noch. Im Umkehrschluss kann man auch sagen: Weil es heute bei allen höheren Lebewesen immer noch Aggression gibt, muss sie einen Sinn haben. Man spricht in so einem Fall von einer sogenannten *evolutionsstabilen (oder evolutionär stabilen) Strategie*, abgekürzt *ESS* (engl. *»evolutionary stable strategy«*). Was eine evolutionsstabile Strategie auszeichnet, ist, dass sie, sofern sie von einem genügend großen Anteil einer Population angewandt wird, durch keine neu auftretende Strategie mit Hilfe von natürlicher Selektion ersetzt werden kann. Evolutionär stabile Strategien können (müssen aber nicht) sich dann ändern, wenn sich die Umwelt verändert und eine neue Strategie erfolgreicher ist. Das ist im Fall aggressiven Verhaltens offensichtlich nie passiert, wenn man den Menschen und die gesellschaftlichen Normen einiger westlicher Kulturen einmal außen vor lässt. Genau wie beim Hund dient die Aggression auch bei uns Menschen erst einmal der Sicherung und Verteidigung unserer Ressourcen, der

Eroberung und Verteidigung unseres Territoriums und schließlich der Lösung von Konflikten oder gar der Rettung des eigenen Lebens. In unseren Kulturkreisen werden wir aber in den allermeisten Fällen höchstens zu verbaler Aggression greifen und sie damit durch Worte kommunizieren – ein tatsächlicher physischer Angriff ist per Gesetz verboten und verursacht empfindliche Konsequenzen. Heutzutage kann sogar schon ein aggressiv unterlegtes Handzeichen (wie zum Beispiel einem anderen Autofahrer einen Vogel oder Schlimmeres zu zeigen) rechtliche Konsequenzen haben. Aggression ist verpönt, weil Gewalt zu Recht verboten ist (siehe Exkurs »Aggression und Gewalt«, Seite 54).

Doch was passiert da eigentlich in unserem Körper, wenn wir Aggression empfinden? Wenn wir uns ärgern oder wütend sind, geht so eine Empfindung immer mit ähnlichen physiologischen Symptomen einher. Die Reaktion unseres Körpers – und im Übrigen auch jedes anderen Säugetierkörpers – wird durch sogenannte *Neurotransmitter*, die Botenstoffe der Nervenzellen, und Hormone, die wiederum auch Neurotransmitter sein können, aber eigentlich die Botenstoffe der Gewebe und Organe sind, reguliert. Es gibt eine ganze Reihe dieser Botenstoffe, die in verschiedener Weise und Zusammensetzung gewährleisten, dass wir auf eine Situation angemessen reagieren. Kommt es zum Ernstfall, also einer akuten Bedrohungssituation, dann stößt unser Körper zunächst einmal Adrenalin aus dem Nebennierenmark aus. Viele von uns kennen sicher den »Adrenalinkick« aus der Achterbahn oder aus dem Horrorfilm im Kino. Das Hormon Adrenalin versetzt unseren Körper in Alarmbereitschaft und bereitet uns optimal darauf vor, zu kämpfen oder – der Klügere gibt nach – zu flüchten. Während der Körper in einen Erregungszustand mit verbesserter Wahrnehmungsfähigkeit gerät, stellt er gleichzeitig zusätzliche Energie bereit, um unsere Reaktion zu verbessern. Durch eine Veränderung des Zusammenspiels von Noradrenalin und Serotonin wird Einfluss auf die Aktivitäten des Stammhirns und des Großhirns genommen. Dadurch werden auf der einen Seite unsere Pupillen erweitert, damit wir besser sehen können, weil nun mehr Licht unsere Netzhaut erreicht, unser Herzschlag und unsere Atmung beschleunigt, damit die Muskulatur mit mehr Sauerstoff versorgt werden kann, und die Muskelaktivität selbst wird gesteigert, damit wir schneller reagieren. Auf der anderen Seite werden in dieser Situation belastende Körperfunktionen wie zum Beispiel unsere Verdauung eingeschränkt. Schließlich konnten es unsere Vorfahren kaum gebrauchen, im Angesicht eines Säbelzahntigers erst mal zu stoffwechseln. Mit »*fight or flight*«, also den Reaktionen Kampf oder Flucht, hat Walter Cannon, ein Pionier der Stressforschung, diese Reaktionen bereits 1915 beschrieben (siehe auch Exkurs »Kleine Hormonlehre«, Seite 67).

Diese Form von Stress, der wir in einer akuten Situation ausgesetzt sind, nennt man auch *aktiven oder positiven Stress* beziehungsweise *Eustress*. Ein Säbelzahntiger klingt zwar nicht nach positivem Stress, aber die Reaktion unseres Körpers ist es sehr wohl – immerhin dient sie unserem Überleben. Eustress erhöht die Bereitschaft des Körpers zu maximaler Leistungsfähigkeit, ohne ihm zu schaden. Die Funktionsfähigkeit wird optimal gesteigert. Eustress kann unserem Körper darüber hinaus ein Glücksgefühl verschaffen, fast wie in einen »positiven Rausch« versetzen. Auch hierfür ist ein Hormon (beziehungsweise ein Neurotransmitter) zuständig, nämlich Dopamin, das Glückshormon. Sportler kennen das mitunter süchtig machende – Wohlgefühl, wenn der Körper auf voller Leistung »arbeitet«. Etwa zehn Minuten nach der Adrenalinausschüttung folgt dann das in der Nebennierenrinde gebildete Cortisol, das den Körper vor einer Überbelastung durch Adrenalin schützt und für eine anhaltende Wachsamkeit auf einem etwas geringeren Energielevel sorgt. In Wettkämpfen kann man immer wieder Sportler beobachten, die es schaffen, in dieser besonderen Situation ihre Jahresbestleistung zu überbieten oder einen Rekord zu brechen – dabei haben die ausgeschütteten Hormone einen beträchtlichen Anteil an der erbrachten außergewöhnlichen Leistung, die sich dann aber eben nicht immer wieder abrufen lässt, weil der Körper auf einen Sonderfall reagiert hat. Aktiver Stress ist eine situationsabhängig positive Reaktion des Körpers und schadet nicht, weil sie nur zeitbegrenzt abrufbar ist.

Erst wenn wir einem Stressor dauerhaft ausgesetzt sind oder keine lösungsorientierte Strategie haben, mit dem Stressor umzugehen, wird es für unseren Körper und damit für unsere Gesundheit unangenehm. Der Cortisolspiegel bleibt neben dem Ungleichgewicht anderer Botenstoffe hoch und doch gibt es keine Aktivitäten, um den Spiegel wieder zu senken. Aus der ursprünglich akuten Reaktionsbereitschaft wird eine andauernde Stressbelastung, die dann als *passiver oder negativer Stress* beziehungsweise *Distress* bezeichnet wird. Die Folgen von Distress sind uns hinreichend bekannt, es entsteht eine hormonelle Überlastung des Organismus mit gesundheitlichen Folgen. Es kommt zu körperlichen und psychischen Problemen. Studien ordnen heute ganz unterschiedliche Symptome den Folgen von Distress zu: Konzentrationsstörungen, Bluthochdruck, Tinnitus, neurologische Ausfälle, Migräne, ja sogar Impotenz und das inzwischen allseits bekannte Burnout-Syndrom, eine depressive Erkrankung. Nicht alles lässt sich eins zu eins auf Hunde übertragen – aber die Formen des Stresses, Eustress und Disstress, existieren auch bei ihnen.

Beide Formen des Stresses kommen vor und sind für den Körper ein natürliches Mittel, um sich angemessen zu verhalten. Nicht mehr und nicht weniger. Eustress kann dabei ein Auslöser für aggressives Verhalten sein, ebenso aber – und dann, wie wir später erläutern werden, in Form von Verhaltensstörungen – auch Distress.

Aggression versus Gewalt

Ob wir aggressiv agieren beziehungsweise reagieren, hängt maßgeblich mit unserem Entwicklungsstand, unserer Sozialisation, unseren Lernerfahrungen hinsichtlich möglicher Taktiken im Umgang mit Bedrohungsszenarien und schließlich ein Stück weit mit unserer Genetik zusammen. Kleine Kinder müssen lernen, ihr Selbstbild auf andere zu projizieren, also in der Lage sein zu erkennen, dass es dem Gegenüber wehtut, wenn man ihm einen Bauklotz an den Kopf wirft. Diese Fähigkeit bezeichnet man als *Empathie*. Abhängig vom Forschungszweig und der Differenzierung verschiedener frühkindlicher Mechanismen rund um die Empathie geht man davon aus, dass die Veranlagung dazu angeboren ist, sich aber eine Erkenntnis dazu erst ausbildet, wenn Kleinstkinder sich selbst in einem Spiegel wahrnehmen können und damit ein Selbstbildnis haben, das sie vergleichend mit dem Gegenüber heranziehen können. Während diese Entwicklung mit circa zwei Jahren beginnt, verliert der Mensch in den folgenden Jahren diesen angeborenen Mechanismus und ersetzt ihn durch die sogenannte *kognitive Empathie*. Bis in die Pubertät »erforscht« der junge Mensch nun seine Grenzen und die der anderen. Auch deshalb ist es unabdingbar, dass kleine Kinder sich niemals unbeaufsichtigt mit Hunden oder anderen Haustieren vergnügen dürfen, weil die Fähigkeit, die (Schmerz-)Grenze des Hundes zu erkennen, entwicklungsbedingt entweder noch gar nicht vorhanden ist oder zumindest so wenig ausgereift ist, dass ein für das Kind sicherer Umgang noch nicht möglich ist.

Ist der Begriff der Empathie schon ein vielverwendeter und noch häufiger diskutierter, dann ist das Ausmaß an Emotion, das mit dem Begriff »Gewalt« verbunden wird, mitunter kaum überschaubar. Das ist insofern problematisch, als »Gewalt«, »Gefahr« und »Aggression« oftmals unbedarft in einen Topf geworfen werden. Von den Medien angeheizt und sorglos eingesetzt und von unkritischen und hetzenden Stimmen weitergereicht, wird so schnell jeder aggressive Hund gefährlich und gleicht einem Gewalttäter – oder eben der mordenden Bestie. Berichte, gespickt mit raffiniert in Szene gesetzten Hunden, schüren Ängste und sprechen so jene Emotionen bei den Lesern und Zuhörern an, die für das meiste Feedback sorgen. Ein altbekannter medialer Kniff, der besonders in den letzten Jahrzehnten und im Kampf der Druckpresse gegen das Internet exzessiv angewandt wird.

Wer sich mit Definitionen beschäftigt, der wird bald feststellen, dass besonders der Begriff »Gewalt« keine allgemeingültige hat. Ganz anders als der biologisch genau beschriebene und nicht erst 1963 durch Konrad Lorenz erforschte Begriff der Aggression, stellt »Gewalt« ein mächtiges, aber auch diffuses Wort dar. Aber warum beschäftigen wir uns in diesem Abschnitt überhaupt mit so einem großen Begriff? Das Bemerkenswerte an natürlicher Aggression ist, dass sie in unserer Gesellschaft aufgrund unserer moralischen Grundsätze emotional praktisch immer als Gewalt empfunden wird. Wo ein Hund, bedingt durch die Situation, auf sein ganz normales Verhaltensrepertoire aus den agonistischen Formen zurückgreift, empfinden wir Gewalt. Gewalt im Sinne einer Machteinwirkung, die uns oder einem anderen gegen seinen Willen widerfahren ist und gegebenenfalls sogar entgegen unserer eigenen moralischen Vorstellung war. Es ist nämlich eine Sache, ob der Hund nach dem Mann schnappt, der ihm gerade absichtlich auf die Rute getreten ist, aber eine ganz andere, wenn er nach dem Kind schnappt, das gerade mit seinem Ball spielt. Gewalt ist oft ein Thema, wenn es darum geht, Hunde zu erziehen – von Gewalt spricht man in der Hundeerziehung dann, wenn der Hund einerseits keine Chance hat, aus der Reaktion des Halters etwas zu lernen, und andererseits eine Reaktion erfolgt, die über das Maß hinaus wirksam ist und in keiner Relation zu der Aktion des Hundes steht. Menschen können Hunden Gewalt antun, und in der heutigen Zeit wird der Hund als Geschöpf so viel wertvoller wahrgenommen, dass sogar im Tierschutzgesetz verankert ist, was man darf und was nicht. Wenn ein Hund sich aber aggressiv verhält, dann tut er das abseits unserer menschlichen moralischen Vorgaben. Auch wenn er in unserer Gesellschaft lebt, folgen seine Reaktionen auf direkterem Weg den Regeln der Natur. Und was bleibt ihm auch anderes? Er kann nicht darüber reden und sich nicht darüber beschweren, wenn er etwas als ungerecht empfindet. Ein Hund, der seinen Platz auf der Couch bis auf die Zähne verteidigt, führt letztlich ein Gespräch über seine Rechte und Grenzen. Wir jedoch stehen fassungslos vor dem geliebten besten Freund des Menschen und sehen eine Situation, die uns vollkommen ohne Relation und deswegen gewalttätig erscheint.

Wenn wir uns mit aggressiven Hunden beschäftigen, so ist es also zuerst elementar, sich bewusst zu machen, dass wir es mit einem Tier zu tun haben, das sein ihm eigenes Verhaltensrepertoire nutzt, um eine Situation in seinem Sinne zu lösen.

Aggression versus Gefährlichkeit

Im Juni 2000 kam es in Hamburg zu einem folgenschweren Vorfall, bei dem ein sechsjähriger Junge von zwei Hunden getötet wurde. Im Zuge dieses schlimmen Ereignisses wurden in kürzester Zeit eine Reihe von Gesetzen und Verordnungen erlassen, um zu verhindern, dass sich ein solches Drama wiederholt. Dr. Dorit Feddersen-Petersen wurde in dem damaligen Fall von dem Gericht damit beauftragt, ein Gutachten zu diesem tragischen Vorfall zu erstellen. Die Rekonstruktion des Vorfalls ergab, dass »während des Ballspielens (der Kinder) auf dem Pausenhof einer Schule zwei unangeleinte Hunde zwischen den Kindern erschienen und begannen, dem Ball nachzujagen. Plötzlich und ohne erkennbare Ursache oder Provokation griffen die beiden American Staffordshire Terrier einen sechsjährigen Jungen an. Herbeigelaufene Helfer konnten die Hunde nicht von dem Jungen ablenken, sodass diese den Sechsjährigen über mehrere Minuten lang attackierten, bis schließlich die Polizei eintraf und die Hunde erschoss. Der Junge verstarb kurze Zeit später am Unfallort. (…)«

Laut einer Studie im Magazin »Rechtsmedizin« verhielt es sich so, dass »die Hunde vor der Tat regelmäßig auf dem Gelände des späteren Tatorts dahingehend trainiert wurden, sich in Ästen oder ›gejagten‹ Bällen festzubeißen. Dieses trainierte ›Beutefangverhalten am Ball‹ endete fatal, als sie eines Tages den Zaun zu den Fußball spielenden Kindern überwanden, einen kleinen Jungen verfolgten, attackierten und töteten. In der Hauptverhandlung führte einer der angeklagten Besitzer der Hunde aus, die Hunde haben nichts Böses ›tun wollen‹, sie hätten ›wohl den Kopf des Jungen mit einem Ball verwechselt‹.« Weiter heißt es in dem Fachartikel: »Diese schlichte Aussage kommt der Wirklichkeit fatal nah: Der Kennreiz Ball war da, die schreienden, laufenden Kinder, Aufgeregtheit – und der Junge wurde das Opfer, keine Beuteattrappe, sondern ein Kind, das attackiert und getötet wurde, so wie ständig am Ball trainiert worden war.«

So richtig und wichtig es war, dass der Staat sich dem Schutz der schwächsten Mitglieder unserer Gesellschaft angenommen hat, so kopflos und faktenfern wurde in den kommenden Monaten und Jahren gehandelt. Bis heute gibt es keine stichhaltige Studie mit einer ausreichend großen Datenmenge und statistisch notwendigen Signifikanzen, anhand derer man eine Einteilung der in unseren Breiten gehaltenen Hunde und Rassen vornehmen könnte. Die immer wieder gezeigten Biss-Statistiken (siehe Exkurs »Kampfhunde«, Seite 56) scheinen sich zumindest nicht zu eignen. In kopflosem Aktionismus wurden Rasselisten erstellt, Definitionen für »gefährliche Hunde« formuliert und für Mensch und Hund gravierende finanzielle oder gar lebensbedrohliche Strafen ersonnen. Jetzt, mehr als eine Dekade nach dem Vorfall, beginnen Bundesländer zaghaft, die Rasselisten wieder abzuschaffen. Bis heute hat es dennoch kein Bundesland geschafft, eine Studie zu veranlassen, die eine bessere Vorgehensweise zum Schutz vor tatsächlich gefährlichen Hunden ermöglichen würde. Die Schweiz setzt seit 1999 auf die allgemeine Aufklärung der Halter und verpflichtet speziell ausgebildete Hundetrainer dazu, im Rahmen eines Sachkundenachweises wenigstens einen Blick auf die gehaltenen Hunde zu werfen.

Insbesondere in der Diskussion um sogenannte Kampfhunde und die damit verbundenen Restriktionen wird Aggression dennoch heute immer wieder mit Gefährlichkeit gleichgesetzt. Diese Vereinfachung ist nicht nur fachlich falsch, sondern auch nicht hilfreich, wenn es darum geht, die Bevölkerung vor gefährlichen Hunden zu schützen. Gefährliche Rassen gibt es zumindest nicht, auch wenn es sicher Rassen gibt, die aufgrund der bei ihrer Zucht betonten Eigenschaften mehr Potenzial haben als andere. Heute ist die Welt der Hundehalter immer noch massiv beeinflusst von dem damaligen Drama – und das ist gut so. Es ist wichtig, dass wir uns darüber bewusst sind, was für ein Tier wir da an unserer Seite führen, welchen Einfluss die immer dichtere Besiedlung hat und welchen die Entfernung von der Natur und dem Tier bei vielen Menschen. Wir haben eine große Verantwortung – aber wir halten auch keine wilde Bestie, sondern ein Tier, das vor über 25 000 Jahren zum Haustier wurde. Und zum besten Freund des Menschen.

Kein Hund wird gefährlich geboren

»Verhaltensbiologisch ist die ›gefährliche Rasse‹ nicht zu benennen, es ist naturwissenschaftlich so unsinnig wie unbewiesen, einer Hunderasse à priori, also ohne Berücksichtigung der feindifferenzierten Verzahnung von genetisch bedingten Handlungsbereitschaften und den obligatorischen Lernvorgängen, eine gesteigerte ›Gefährlichkeit‹ zuzuschreiben.« Dr. Dorit Feddersen-Petersen (2001)

Ob ein Hund im Lauf seiner Entwicklung gefährlich für seine Umwelt wird, hängt von mehreren Faktoren ab. Zunächst einmal spielt die genetische Veranlagung eine Rolle für das spätere Verhalten des Tieres (siehe auch Exkurs »Epigenetische Faktoren«, Seite 64). Einige Hunderassen neigen aufgrund ihrer ursprünglichen Verwendung und den damit verbundenen Zuchtzielen dazu, bestimmtes Problemverhalten wie ein übersteigertes Beutefangverhalten oder »Mannschärfe« an den Tag zu legen. Diese Merkmale wurden vor vielen Jahrhunderten durch den Menschen gezielt herausgezüchtet, damit der Hund eine Arbeit verrichten konnte. Nur die wenigsten Hunde wurden – wie das heute der Fall ist – aus Luxusgründen gehalten. Sie sollten bei der Jagd helfen, den Hof schützen oder die Herde hüten. Der Weimaraner als Vollgebrauchshund wurde beispielsweise nicht nur bei der Jagd eingesetzt, sondern hatte zudem die Aufgabe, die Jagdgesellschaft auf dem Weg zurück zum Anwesen vor Räubern zu schützen. So liefen die Hunde neben der Kutsche her und zeigten Bösewichten sehr deutlich, dass ein Überfall mit sehr schmerzhaften Konsequenzen verbunden sein würde. Diese Mannschärfe war also erwünscht und wurde dementsprechend züchterisch gefördert. Auch wenn die jagdlichen Fähigkeiten des Weimaraners heute immer noch geschätzt werden, die Mannschärfe braucht man heute streng genommen nicht mehr. In unserer modernen Gesellschaft kann sie sogar nachteilig sein. Erst in jüngster Zeit ändern gewisse Zuchtverbände ihre Zuchtzulassungsprüfungen dahingehend, dass ein Hund dieser Rasse nicht mehr Tendenzen zur Mannschärfe zeigen muss, sondern lassen auch solche Hunde zu, die nicht schreckhaft sind, sich aber Fremden gegenüber neutral verhalten.

Herdenschutzhunde sind ein weiteres Beispiel für einen Rassetyp (denn viele Länder und Regionen haben solche Hunde für ihre immer sehr ähnlichen Zwecke gezüchtet), der abseits großer, unbewohnter Ebenen oder menschenleerer Berghänge ein Potenzial dazu hat, gefährlich zu werden. Herdenschutzhunde zeichnen sich durch eine besondere Art der Territorialität aus: Sie bilden sogenannte mobile Territorien.

Der Grund dafür ist einfach: In allen Regionen, in denen Hirten große Herden treiben, damit diese genügend Futter finden, muss der Herdenschutzhund die Umgebung der Herde als sein Territorium ansehen und nicht einen Bauernhof oder eine Weide. Diese Hunde werden oftmals mit dem Vieh (das können Schafe und Ziegen, aber auch Rinder sein) großgezogen und so mit ihnen sozialisiert. Im Folgenden beschützen sie die Herde vor Dieben, Bären und Wölfen – tagein, tagaus –, wo immer sich die Herde gerade befindet. Der freundlich dreinschauende, große weiße »Teddybär« der Rasse Kuvasz kann sich in der Familie mitten in Berlin ebenso verhalten. Und weil er ein mobiles Territorium hat, wird er Besucher nicht gerade freundlich empfangen, dazu neigen, dem Postboten ordentlich den Marsch zu blasen und auch beim sommerlichen Ausflug in die nächste Eisdiele aggressiv reagieren, wenn sich nach einiger Zeit der Kellner nähert. Vierzig bis fünfzig Kilogramm schwere »Teddybären« will man nicht wütend sehen – erst recht nicht mitten in der Stadt in einer Eisdiele mit vielen kleinen und aufgedrehten Kindern.

Diese zwei Beispiele stehen nur exemplarisch für das Potenzial, das manche Rassen mit sich bringen. Nicht jeder Weimaraner ist mannscharf und nicht jeder Kuvasz frisst Postboten. Wer sich aber einen Rassehund (oder eine Mischung daraus) zulegt, der sollte sich ihrer Eigenschaften bewusst sein. Wer das tut, kann eine auftretende Problematik erkennen und dann auch gezielt angehen.

Alles kann, nichts muss

Wir verwenden hier bewusst Begriffe wie »kann« und »neigen dazu«. Denn ob und wie stark ausgeprägt ein Vertreter einer bestimmten Rasse ein Verhalten zeigt, hängt nicht nur damit zusammen, inwieweit dieses Verhalten heute in der Zucht überhaupt noch eine Rolle spielt (siehe das Beispiel des Weimaraners und der veränderten Zuchtzulassungskriterien), sondern vor allem damit, wie die *ontogenetische*, also die individuelle Entwicklung des Hundes verläuft und welche Lernerfahrungen der Hund im Lauf seines Heranwachsens und -reifens macht. Wenn sich der stolze Welpenkäufer bei der Anschaffung darüber im Klaren ist, was für einen »Typen« er gerade mit nach Hause nimmt, dann hat er auch die Möglichkeit, seinen jungen Hund entsprechend zu fördern und zu erziehen. In der Praxis werden wir immer wieder positiv überrascht, wenn wir Hunde zu Besuch haben, die so gar nicht dem Rasseklischee entsprechen. Tiefenentspannte Malinois, sehr gut verträgliche »Kampfhunde«, gesellige Herdenschutzhunde und auch Labradore, die nicht alles runterschlingen, beweisen, dass es durchaus möglich ist, angeborene Talente und – zumindest aus heutiger Sicht – Schwächen so in die Erziehung zu integrieren, dass Probleme entweder gar nicht erst entstehen oder bewusst und direkt angegangen werden.

Manchmal fällt es schwer, es nachzuvollziehen, aber gerade in unserer Gesellschaft ist es wichtig zu verstehen, dass es mehr Sinn machen kann, nicht die Talente eines Hundes zu fördern, sondern ihm Nachhilfe bei seinen Schwächen zu geben. Wenn unser Kind phantastisch in Mathematik ist, aber eine Fünf in Deutsch hat, dann zitieren wir nicht den Mathe-Nachhilfelehrer herbei. Einem Hund, der ursprünglich für eine bestimmte Aufgabe gezüchtet wurde, mag das eine oder andere Verhalten leichtfallen – einem Australian Shepherd das Hüten, sich viel bewegen, Kläffen und im Notfall das In-die-Hacken-Kneifen. Fraglich ist, ob man diese Eigenschaften wirklich fördern möchte, wenn das alltägliche Auslaufgebiet der kleine Stadtpark ist, in dem es von Joggern und Radfahrern nur so wimmelt. Wäre es nicht sinnvoller und für den Hund nicht auch herausfordernder, etwas zu verbessern, was er nicht so gut beherrscht? Einem Impuls, wie einem vorbeiflitzenden Fahrrad, nicht hinterherzurennen. Den Frust zu ertragen, den spielenden Kindern nicht den Ball wegschnappen zu dürfen. Ruhe zu bewahren, auch wenn der Jogger direkt auf Frauchen zugerannt kommt.

Problematisch wird es, wenn Halter Talente, wie einen Jagdtrieb, aus Unwissenheit fördern und in den Bereich der Unkontrollierbarkeit steigern. Problematisch wird es auch, wenn Halter konflikthafte Tendenzen ignorieren, weil sie sich damit überfordert fühlen oder sie einfach nicht wahrhaben wollen. Und schwierig wird es, wenn Halter am falschen Ende sparen.

Augen auf beim Hundekauf

Gerade mit Blick auf die angeborenen Dispositionen und die individuelle Entwicklung des Welpen kann man sich jede Menge Ärger ersparen, wenn man bei der Suche nach dem Traumhund kritisch ist und sich vorher gut informiert. Natürlich könnte man sich die Frage stellen, wie sinnvoll die Haltung eines Kangals, einer weitereren Herdenschutzhund-Rasse, in einer Zweizimmerwohnung mitten in der Innenstadt ist. Aber machen wir uns nichts vor: Beim Anblick des zuckersüßen Welpen haben wir die Entscheidung längst getroffen und solche Argumente geraten schnell in Vergessenheit. Idealerweise informiert man sich also über die Zuchtstätte, bevor man sich in die Höhle des Löwen begibt und trotz aller möglichen Bedenken auf die Kulleraugen reinfällt. Es hilft aber mitunter auch, wenn man sich bewusst macht, dass auch andere Züchter niedliche Welpen mit Kulleraugen haben. Ein Hund lebt zwischen zehn und fünfzehn Jahre, und er kann in dieser Zeit für viel Freude, aber auch für viel Leid sorgen. Wer sich also nicht sicher ist, wie schwach der eigene Wille beim Anblick eines Welpen ist, sollte gegebenenfalls darüber nachdenken, eine weitere Person mitzunehmen, die dann als Stimme der Vernunft herhalten muss.

Scott und Fuller untersuchten 1965 die Entwicklung von Welpen fünf verschiedener Hunderassen und fanden heraus, dass die Tiere im Zuge ihrer Ontogenese sogenannte *sensible Phasen* durchlaufen, in denen sie besonders empfänglich für neue Lernerfahrungen sind – man bezeichnet diese kritischen Zeitabschnitte als »Lernfenster«. Insbesondere die als *Sozialisierungsphase* bezeichnete vierte bis zwölfte Lebenswoche ist für die spätere Entwicklung des Hundes extrem wichtig, allerdings ist der Zeitraum von Rasse zu Rasse unterschiedlich. Feddersen-Petersen fand heraus, dass es Rassen gibt, die sich schneller, und solche, die sich langsamer entwickeln – als Referenz dienten ihr bei ihren Untersuchungen Wölfe (1992). In dieser Zeit, den sensiblen Phasen, sollte der Welpe eine Vielzahl von Erfahrungen und Reizen kennenlernen. Hierzu gehören neue Umgebungen und der Kontakt zu anderen Lebewesen. Die dritte bis achte Lebenswoche stellt laut Scott und Fuller eine »kritische Phase« für die Sozialisation am Menschen dar. Normalerweise ist das die Zeit, die der Welpe beim Züchter verbringt. Hat der Hund in dieser Zeit keine Möglichkeit, diese vielseitigen und immens wichtigen Erfahrungen zu sammeln, kann das zu unerwünschtem Verhalten, Ängsten, hoher Stressanfälligkeit und schließlich auch zu inadäquater Aggression gegen Menschen oder andere Tiere führen. Mit Blick auf die spätere Reaktion auf Stressoren (siehe Seite 18 ff.) kann der junge Hund insbesondere und nachhaltiger als zu anderen Zeiten in den sensiblen Phasen Strategien entwickeln, wie er mit ungewohnten Reizen umgehen kann. Je vielfältiger diese *»Coping-Strategien«* (engl. *»coping«*

– bewältigen, Lösungsstrategien) sind, desto geringer ist die Gefahr, dass der Hund unangemessen auf Ungewohntes reagieren könnte. Allerdings muss man sich auch bewusst machen, dass es in unserer Umgebung recht schwer ist, einem Hund äußere Reize zu verwehren. Nicht nur, dass Hunde anders sehen, hören und riechen, als wir es tun – ein Reiz kann alles Mögliche sein und muss nicht daraus bestehen, einen Welpen von morgens bis abends durch Fußgängerzonen und über das Oktoberfest zu schleifen, damit er auch ja genügend erlebt. Ein gesundes und für das kommende Leben realistisches Maß, beschränkt auf zeitbefristete Ereignisse, in denen der junge Hund dennoch zur Ruhe finden kann, sind ein sinnvoller Ansatz – und nicht die Extreme in die eine oder die andere Richtung.

Im schlimmsten Fall, wenn der Hund extrem reizarm aufgewachsen ist, leidet das Tier dann unter sogenannten Deprivationsschäden, die häufig ein Leben lang gemanagt werden müssen und therapeutisch nur schwer in den Griff zu bekommen sind, weil die Auswirkungen auf den Hund nicht nur psychischer, sondern auch physiologischer Natur sind (siehe Exkurs »Deprivation«, Seite 198). Ein deprivierter Hund wird sein Leben lang mit der Einschränkung leben, in seiner neuronalen Ausstattung unterentwickelt zu sein und damit viele Reize nicht angemessen verwerten zu können. Solche Schäden können nur dann entstehen, wenn ein Welpe unter sehr extremen Bedingungen aufwachsen muss oder wenn bei seiner Aufzucht nicht ein Funken Tierliebe mitgespielt hat (was im Übrigen tierschutzrelevant wäre). Vermeintliche »Schnäppchen«, wie man sie im Internet zuhauf findet, sollte man also unbedingt sehr kritisch betrachten und lieber mehr Geld in die Hand nehmen und bei einem seriösen Züchter kaufen. In jedem Fall ist vorab eine kritische Prüfung der Zuchtstätte wie auch der Elterntiere und der Umgang des Züchters mit seinen Tieren zu empfehlen. Man sollte dann besonders auch auf die Gesundheit der Tiere achten, denn ist dort etwas im Argen, ist man schnell das Vielfache der Summe wieder los, die man vorher zu sparen versucht hat. Ein weiterer wichtiger Hinweis ist die Mutterhündin. Ist sie zum Beispiel schreckhaft, scheu, ängstlich oder aggressiv, werden sich die Welpen unter Umständen zukünftig ähnlich verhalten. Zum einen lernen Welpen in den ersten Wochen fast ausschließlich durch Wahrnehmen und Beobachten des Muttertiers, zum anderen fehlt ihnen möglicherweise der wichtige intensive Kontakt zu Menschen. Das wiederum ist die Voraussetzung für eine gute Sozialisierung, die es später überhaupt möglich macht, dass sich ein Hund an einen Menschen bindet und mit ihm eine angenehme Beziehung aufbaut. Schnelle Mitleidskäufe können eine starke Belastung für viele Jahre mit sich bringen und versorgen einen Markt, der keine Unterstützung verdient – zum Schutz der Tiere.

Der will nur spielen – Welpenentwicklung

Hunde kommen nicht mit einer Beißhemmung auf die Welt. Die Fähigkeit, gehemmt zu beißen, ist das Ergebnis von Lernerfahrungen in den ersten Lebenswochen und -monaten.

Der Welpe lernt, nicht zu beißen, indem er sich ausprobiert und ein unmittelbares Feedback durch seine Mutter und seine Wurfgeschwister erfährt. Wird er zu grob in seinem Handeln, ist die Reaktion nie positiv. Notfalls beißen die anderen zurück. Das ist unangenehm und deshalb »überlegt« der Welpe es sich beim nächsten Mal, ob er wieder ungehemmt zupackt. Lange dauert es nicht, bis er gelernt hat, dass eine sanftere Herangehensweise, wenn nicht sogar zielführend, dann doch wenigstens nicht unangenehm ist. Da Hunde kontextspezifisch lernen, wird der Welpe sich auch beim Einzug in die neue Familie ausprobieren und muss lernen, dass Beißhemmung auch außerhalb der Wurfkiste das angemessene Verhalten ist. Was geschehen kann, wenn es die neuen Besitzer verpassen, diese Botschaft an den Welpen zu bringen, durften wir erfahren, als eine Kundin anrief, deren sechzehn Wochen alter Australian Shepherd Ben ihre Arme derart durchlöchert hatte, dass wir zunächst dachten, die Frau leide an einer schweren Allergie. Hunde lernen durch Erfolg, und Ben war außerordentlich erfolgreich, wenn es darum ging, unter Einsatz seiner Zähne zu erklären, dass er das Geschirr nicht tragen möchte. Und weil das bei dem Geschirr so gut klappte, generalisierte er sein Verhalten auf alle anderen Dinge, die ihm missfielen, und wurde innerhalb weniger Wochen seit dem Einzug überdeutlich, wenn es darum ging, seinen Willen durchzusetzen. Da sich diese Erlebnisse auch in einer der sensiblen Phasen abgespielt hatten, war es gar nicht so einfach, dem Junghund dieses gefährliche Verhalten wieder abzugewöhnen.

Gerade in den ersten Wochen nach dem Einzug bei der neuen Familie ist vieles niedlich und lustig. Wenn der Welpe nicht gerade schläft oder eine Pfütze auf dem guten Parkett hinterlassen hat, möchte er spielen und beschmust werden. Schnell verliert man sich in den berüchtigten Kulleraugen und versucht – ganz Mensch – dem jungen Tier viel Gutes zu tun. Immerhin hat es gerade seine eigene Familie verloren und muss sich jetzt an dem neuen Ort mit den neuen Menschen zurechtfinden. Da freut es einen umso mehr, wenn der Welpe auf einen zutapst und spielerisch an den Schnürsenkeln oder dem Ärmel des Pullis zerrt. Noch wiegt er ja auch nicht viel und anfangs sind die Bewegungsabläufe noch recht unkoordiniert und wenig kraftvoll. Das ändert sich schnell, und spätestens wenn der Welpe seine kleinen, unglaublich spitzen Welpenzähne mal in die Fingerspitze versenkt hat, ist das gar nicht mehr lustig. Wir erinnern uns alle an diese Momente und haben alle schon die Zeit des Zahnwechsels herbeigesehnt. Die aus der Kinderstube mitgebrachte Beißhemmung sollte allerdings schon früher gefestigt werden. Die meisten Welpen werden schwer beeindruckt sein, wenn man laut »Au!« ruft und sich aus der Situation entfernt – und dem Welpen damit verdeutlicht, dass sein Verhalten unangemessen war und nicht zielführend sein wird. Es mag ja ein Spiel gewesen sein – aber ab dem Zeitpunkt, wo es wehtut, hat der Welpe gerade etwas anderes im Sinn, oder er hat zumindest gerade vergessen, dass auch ein noch so lustiges Spiel Regeln hat. Ihn daran immer wieder zu erinnern, ist eine enorm wichtige Lektion für das kommende Leben. Gerade wenn es um die Zähne geht, dann ist es von höchster Bedeutung, dass ein Hund lernt, sie in Maßen einzusetzen.

Besser keine Welpengruppe als eine schlechte Welpengruppe

Viele Hundeschulen bieten Welpengruppen oder -spielstunden an. Gewöhnlich dürfen daran Hunde teilnehmen, die zwischen acht und sechzehn Wochen alt sind. In dieser Zeit, die so wichtig ist, wenn es um die Sozialisierung des Hundes geht, sind solche Stunden prinzipiell einen Besuch wert. Mehr noch, in einigen Kantonen der Schweiz ist im Gegensatz zu Deutschland der Besuch einer Welpengruppe für große und/oder massige Hunde verpflichtend. Kümmert sich ein Halter hier nicht ausreichend, kann der Kanton eine permanente Maulkorb- und Leinenpflicht auferlegen, auch wenn der Hund nie auffällig geworden ist.

Auch aggressive Kommunikation will gelernt werden und hier bietet sich der Besuch einer Welpengruppe an. Im Alltag ist es wesentlich schwieriger, einem Welpen solche Erfahrungen zu ermöglichen, und mitunter ist man, egal ob Ersthundebesitzer oder nicht, auch gar nicht sicher genug, um so ein Ereignis souverän zu begleiten. In der Welpenstunde können die Knirpse kontrolliert lernen, sich zu verhalten. Und zwar in alle notwenigen Richtungen. Leider steht in solchen Gruppen hin und wieder »Spiel, Spaß und gute Laune« im

Vordergrund und knurrende oder vielleicht sogar raufende Welpen passen nicht so recht in das bevorzugte Bild. Aggressive Kommunikation wird dann auch mit Rücksicht auf die sensible Hundehalterseele im Keim erstickt. Den jungen Hunden wird damit womöglich die Chance genommen, ihr Sozialverhalten mit all den wichtigen dazugehörigen Facetten zu schulen und sich »auf Augenhöhe« mit Artgenossen, aber auch mit den Menschen zu probieren. Weil es solche Welpenspielstunden gibt, sollte man sich eine solche Gruppe immer erst einmal anschauen, bevor man sich dafür entscheidet. Das Begleiten einer Welpengruppe ist auch für Hundetrainer eine Herausforderung – das will gekonnt sein. Gleichzeitig ist die Zeit, in der man mit seinem Hund eine solche Gruppe besuchen kann, eben begrenzt. Mit der sechzehnten Lebenswoche ist oft der Moment erreicht, wo der Hund nicht mehr so richtig »passt« und sich schon neuen Interessen zuwendet. Es lohnt sich also gegebenenfalls, sich schon vor dem Einzug des Hundes schlau zu machen, was die Umgebung so für Angebote hergibt – und in den meisten Regionen gibt es sicher mehr als eine Hundeschule, die Welpengruppen anbietet. Ist dem nicht so, kann es – je nachdem – auch eine kluge Entscheidung sein, dem Welpen so ein Ereignis nicht zuzumuten. Besser nichts gelernt, als etwas völlig Falsches für die Zukunft mitgenommen.

So kommt es, dass der eine oder andere Hund in der Wurfkiste die letzte Gelegenheit hatte, Sozialverhalten mit Artgenossen zu trainieren. Das betrifft unglücklicherweise oft Hunde, die auf Rasselisten stehen und einen perfekten Start ins Leben unbedingt nötig hätten. Uns sind einige Halter bekannt, die auf der Suche nach Sozialkontakten für ihren Welpen abgewiesen wurden oder nur von der anderen Seite des Zaunes zuschauen durften. »Vorurteile haben zwar eigentlich nur die anderen«, trotzdem werden manche Rassen generell aus Welpenkursen ausgeschlossen. Hier gilt es, den Mut nicht zu verlieren und lieber eine längere Anfahrt in Kauf zu nehmen.

Ungünstiges Spiel

Auch wenn der Welpe aus einer vorbildlichen Zucht kommt und man einen Weg gefunden hat, dem Hund Kontakt und Lernerfahrungen mit Artgenossen zu ermöglichen, gibt es noch weitere »Untiefen«, die man umschiffen sollte, wenn man das Risiko minimieren möchte, dass der Hund im späteren Leben zu einer Gefahr für seine Umwelt wird.

Immer wieder wird in Frage gestellt, ob Hunde spielen. Wir sagen: Ja, sie tun es, und wie alle anderen Lebewesen auch haben sie gute Gründe dafür. Zu den Voraussetzungen für Verhaltensweisen, die sich als Spiel definieren lassen, gehört, dass »Handlungen aus verschiedenen Funktionskreisen frei kombiniert« werden und dass – und das ist der wichtige Unterschied – die »typischen Endhandlungen (...) im Spiel« fehlen (Feddersen-Petersen, 2008). Auch wenn diese Formulierung erst einmal kompliziert klingt, lässt sie sich an alltäglichen Beispielen nachvollziehbar darstellen. Wenn ein Hund seinen Artgenossen über die Wiese hetzt, dann kann es sich um ein Jagdspiel handeln. Beide fühlen sich in der Situation wohl – der Jagende und der Gejagte. Wird das Jagen allerdings ernsthafter, bekommt das »Häschen« gegebenenfalls Angst. An der Körpersprache lässt sich schnell erkennen, dass es der Jagende ernst meint und der Gejagte um sein Leben fürchtet. Wenn ein Jagdspiel »kippt«, sollte es schleunigst unterbrochen werden. Aus einem anderen Funktionskreis würde folgendes Spiel entstehen: Raufen zwei junge Hunde, ist es eine gute Übung für adäquate Streitgespräche in der Zukunft. Es werden die typischen Bewegungsabläufe trainiert, getestet, welche Taktiken wie gut funktionieren, und dabei werden beide Junghunde gegenseitig gehemmt auf dem Gegenüber »herumkauen«, aber genau darauf achten, keine Schmerzen zuzufügen. Beißt der eine allerdings verletzend oder der andere schreit panisch, müssen die Hunde getrennt werden, denn dann bewegt sich das ehemalige Spiel in die

Richtung einer Endhandlung: In einem tatsächlichen Kampf geht es darum, das Gegenüber zu verletzen.

Lernen sollen immer beide etwas aus einem Spiel, nicht nur der Schnellere oder Stärkere. Schnelle Hunde müssen lernen, ihre Geschwindigkeit anzupassen, kleine, dass sie sich gefährden, wenn sie im Jagdspiel den Hasen mimen. Große, schwere Rassen müssen mitunter lernen, sich zurücknehmen zu können, da sie bei harmlosen Balgereien immer die Stärkeren wären. Ein Junghund sollte durch solche einseitigen Raufereien nicht nur lernen, seine Kampftechnik zu verfeinern. Besonders sollte er lernen, im Spiel auch mal den vermeintlich Schwächeren gewinnen zu lassen, und sich im Verlieren üben. Irgendwann trifft er vielleicht auf den Hund, der ihn besiegen kann, und weiß dann nicht, was notwendig ist, um einen aussichtslosen Kampf möglichst unbeschadet zu überstehen.

Etwas Ähnliches gilt, wenn man als Halter mit seinem – nicht einmal unbedingt jungen – Hund spielt. Man sollte darauf achten, dass man das Spiel jederzeit beenden kann. Das gilt insbesondere für solche Spiele, die sich im Rahmen der Dispositionen, also der »Talente« des Hundes bewegen. Als Beispiel seien hier Zerrspiele mit dem Terrier genannt oder bewegungsintensive Spiele mit Hütehunden, die dazu neigen, Bewegungsreizen nachzugeben. Das heißt keinesfalls, dass man mit seinem Terrier nicht auch hin und wieder wilde Zerrspiele veranstalten könnte. Im Gegenteil: Wenn dabei nicht das Zerren im Mittelpunkt steht, sondern eher das Abgeben und Loslassen trainiert werden, können solche Spiele durchaus förderlich für die gute Entwicklung des Hundes sein. Gerade das unkontrollierte »Spielen« mit dem Ball (oder einem anderen Wurfgegenstand) kann allerdings für das Verhalten des Hundes Folgen haben. Genau genommen zählt das klassische »Ballspiel«, bei dem der Halter einen Ball wirft, den der Hund dann bestenfalls zurückbringt, nicht zu den Spielen, die dazu dienen sollten, ein Verhalten zu verfeinern. Es ist einseitig und findet ohne Wechsel der Spielpartner und der Funktionskreise statt. Trainiert man nun den Hund intensiv mit dem Ball, kann es – gerade bei den sogenannten Hütehunden, aber auch bei den »Packern« – vorkommen, dass Bewegungsreize, die gar nichts mit dem Spielzeug Ball zu tun haben, nicht mehr differenziert werden, sondern generalisiert. Der Hund rennt dann jedem sich bietenden Bewegungsreiz hinterher und nimmt im schlimmsten Fall statt des Tennisballs den vorbeilaufenden Jogger. Wer also mit seinem Hund spielen möchte und dafür einen Wurfgegenstand verwenden möchte, der sollte sich überlegen, wie ambitioniert der Hund sich zeigt, wenn es um das Jagen geht, wie er insgesamt mit Bewegungsreizen und anderen Impulsen klarkommt und ob das Spiel dann nicht eher so aussehen sollte: Ich werfe das und du holst es *nicht!*

Nähere Erläuterungen hierzu finden Sie auf Seite 50.

Unerwünschtes Verhalten versus Verhaltensstörung

Was ist Verhalten? Um zu klären, was unerwünschtes Verhalten ist oder gar eine Verhaltensstörung, muss man zuerst verstehen, was in der Ethologie unter Verhalten verstanden wird: Verhalten ist alles, was von einem lebenden Organismus wahrnehmbar und in Bezug auf seinen eigenen Körper aktiv verändert werden kann: Bewegungen und Haltungen, Lautäußerungen und das Absondern von Substanzen (zum Beispiel Urin absetzen). Verhalten wird in seiner Anpassungsleistung, also der Art und Weise, wie es sich individuell, aber auch innerhalb einer Art äußert, durch die Gene und durch Lernvorgänge beeinflusst.

Anhand dieser sehr breiten Begriffsdefinition lässt sich leicht nachvollziehen, dass Verhalten nicht nur auf der Artebene, sondern auch auf der Ebene des Individuums ganz unterschiedlich ausfallen kann. Und bei Hunden kommt noch ein weiterer Faktor dazu: Domestikationsbedingte und durch Zuchtwahl betonte oder veränderte Verhaltensweisen machen den Hund zu einem Lebewesen, dessen Verhalten nicht immer leicht als normal oder gestört klassifiziert werden kann. Hinzu kommt, dass der Hund in unseren Breiten auch Teil unserer Gesellschaft ist und diese sein Verhalten womöglich aufgrund anderer Kriterien als normal, störend oder gar gestört betrachtet (Overall, 1997). Gerade im Aggressionsbereich entstehen zwischen Menschen beziehungsweise der Gesellschaft und Hunden schwerwiegende Diskrepanzen, wenn es darum geht, normales und unerwünschtes Verhalten zu definieren. Denn während Aggression erst einmal nicht nur völlig normal ist, sondern sogar eine wichtige Verhaltensweise für einen Hund, ist sie heutzutage aus der Perspektive der Menschen unerwünscht.

Normales, aber unerwünschtes Verhalten beschreibt Askew (1997) anhand eines Beispiels: Ein junger Hund wird dafür gelobt, wenn er Fremde anknurrt, weil die Besitzer möchten, dass er später auch das Grundstück bewacht und meldet, wenn ungebetene Gäste auftauchen. Was anfangs noch sinnvoll erscheint, führt dazu, dass das territorial-aggressive Verhalten des Hundes überhandnimmt – er knurrt und bellt nicht nur, er schnappt und beißt auch nach jedem, der das Grundstück betritt. Herdenschutzhunde und beispielsweise Rottweiler wurden dafür gezüchtet, ihr Territorium zu bewachen; territoriale Aggression ist bei ihnen ausgeprägter anzutreffen als bei anderen Rassen. Andere Rassen, die für ihre Funktion normalerweise einzeln gehalten wurden, zeigen oft vermehrt Artgenossenunverträglichkeiten – Terrier gehören zu diesem Typus. Sie können angenehme Lebensbegleiter sein, solange man nicht in einer Stadt wohnt und auf die Nutzung von Hundeauslaufzonen angewiesen ist, wo so ein aggressives Verhalten unerwünscht ist. Ein großes Thema ist häufig auch das Jagdverhalten, das in unserer Gesellschaft keinen Platz mehr hat. Dennoch sind viele Rassen, die wir heute halten, ursprünglich für die Jagd gezüchtet: der witzige Jack Russell Terrier, der Beagle, Galgos oder Weimaraner.

Ein Hund, der nicht lernen kann oder darf, in welchem Maß er sich aggressiv verhalten darf, kann auch nicht lernen, angemessen aggressiv zu kommunizieren. Diese Problematik ist tendenziell mit der Diskussion um Hundebisse und Rasselisten größer geworden: Halter versuchen, jede Konfliktsituation zu meiden, um das unerwünschte Verhalten nicht aufkommen zu lassen – diese Vorgehensweise ist zwar verständlich, birgt aber das Risiko, dass der Hund im Lauf seiner Entwicklung nicht lernt, sich angemessen zu verhalten. Neben dem Hund, der so wütend in den Gartenzaun rennt, dass er sich dabei die Nase blutig schlägt, nur um einen unbeteiligten Passanten vermeintlich aus seinem Territorium zu vertreiben, können auch statusbedingte Aggressionen dem Halter gegenüber in diese Kategorie fallen, wenn der Hund nicht gelernt hat, welche Position er in seinem Sozialverband einnimmt, und diese in aller Heftigkeit mit allen zur Verfügung stehenden Mitteln erstreitet. Ein winziger Toastkrümel, der während des Frühstücks auf den Boden fiel, kann dann zu einem Konflikt werden, bei dem der Hund zwar arttypisches, aber dennoch völlig unangemessenes aggressives Verhalten zeigt.

Ab wann so ein Verhalten nicht mehr nur als unangemessen angesehen werden sollte, sondern schon als Verhaltensstörung, ist aus den oben genannten Gründen ebenfalls nicht einfach zu beantworten. Sieht man eine Verhaltensstörung als all jenes Verhalten, das vom normalen Verhaltensrepertoire abweicht, dann kann auch unangemessenes Verhalten bereits als Störung definiert werden. Reisner (1991) geht allerdings weiter: »Abnormales« Verhalten ist darüber hinaus maladaptiv, also evolutionär fehlangepasst an die aktuelle Umwelt, und es ist selbstzerstörend. Verhaltensstörungen lassen sich nach Askew (1997) in Ursachen-Kategorien einteilen: Krankheitsbedingte Störungen (oft tritt diese Veränderung dann relativ plötzlich unabhängig vom Alter des Hundes auf und wird als »Persönlichkeitswandel« vom Halter wahrgenommen), Störungen durch Deprivationsschäden in der frühen Entwicklung des Hundes (bis etwa zum vierten Lebensmonat), Störungen durch anhaltenden umweltbedingten Stress und Verhaltensanomalien, die durch falsche oder gewalttätige Behandlung auftreten. Wie sich so eine Verhaltensstörung äußert, kann ganz unterschiedlich sein – von Stereotypien und unvorhersehbarem aggressiven Verhalten über Schwanzjagen bis hin zur Verstümmelung des eigenen Körpers und Panikattacken ist vieles denkbar und möglich.

So formuliert es die Wissenschaft. Nun werden reihenweise Hunde aufgrund von Verhaltensweisen, die als unnormal eingestuft wurden, in die Tierheime abgegeben oder gar euthanasiert. In der Regel handelt es sich dabei um unangemessenes, aber arttypisches Aggressionsverhalten, wobei selbst hier das Wort »unangemessen« sehr unterschiedlich ausgelegt wird. Wo manche Menschen – überspitzt gesagt – noch von einem Abschnappen sprechen, handelt es sich bei anderen schon um einen massiven Beißvorfall. Andere Menschen wurden bereits schwer verletzt und entschuldigen diese Angriffe des Hundes immer noch mit eigenem Fehlverhalten.

Um ein Urteil fällen zu können, ist es unbedingt erforderlich, sich die Situation, also den Kontext, genau beschreiben zu lassen. Unter Umständen wird danach versucht, die Situation nachzustellen, um den Verhaltensauslöser des Aggressionsverhaltens zu finden und um das Verhalten richtig einschätzen zu können. Gerade bei den Hüte- und Schäferhundrassen wird beispielsweise häufig stereotypes Verhalten beobachtet, Hypernervosität und Unruhe, inadäquate Beißvorfälle und andere als unangemessen empfundene Verhaltensweisen. Oft werden genau diese als Verhaltensstörungen eingestuft und entsprechend behandelt. Grundsätzlich gilt: Hunde können ihr Verhalten anpassen – das macht sie aus. Wenn sie diese adaptive Fähigkeit nicht mehr beherrschen, kann eine Störung vorliegen.

Das Wort Hütehund löst in den Köpfen vieler Hundehalter und -trainer sofort ein Schema der notwendigen Beschäftigungsmanie aus. Man darf die berechtigte Gegenfrage stellen, welcher spanische oder irische Bauer, aber auch welcher deutscher Schäfer sich auch nur einen Moment Gedanken über die Auslastung seines an der Kette liegenden Hütehundes macht. Diese Hunde müssen bei Abruf arbeiten, Leistung zeigen, sie sind Garanten für das Wohlergehen einer Herde. Wenn es dem Schäfer auch sicher nicht in erster Linie und immer um den Hund geht, so weiß er aber genau, was dem Hund nicht guttut. Wenn auch die Haltungsbedingungen nicht denen entsprechen, wie wir sie gewohnt sind, so sind das aber Strukturen, die sich über Jahrhunderte bewährt haben, in denen Hütehunde ursprünglich entstanden sind und in denen zumindest kein gesunder Hütehund an Verhaltensstörungen litt und leidet. Arbeitende Hütehunde sind ruhige Tiere, die nicht kopflos agieren und ihre Energie mit Zappelei verschwenden.

Verhaltensstörungen sehen heutzutage oft mehr oder weniger genauso wie vorher beschrieben aus. Ursache sind oft die hohen Ansprüche der Menschen an die Hunde. Sie sollen Sozialpartner, Begleiter, Seelentröster, Sportpartner und vieles mehr sein. Mit aufopferungsvoller Liebe und angeblich notwendiger Berücksichtigung rassespezifischer Eigenschaften wird alles getan, um den Liebling glücklich zu machen. Das Bedürfnis unserer Hunde von mindestens achtzehn Stunden Schlaf am Tag wird dabei ignoriert. Natürlich ist nicht immer und ausschließlich das Missverstehen von Rasseeigenschaften der Grund für Verhaltensstörungen – dennoch sollte man kritisch überdenken, ob man seinem Hund Gutes tut oder gerade ein Aktivitätswettrüsten betreibt, unter dem Hund und Halter leiden.

Sollte man bei einem Hund die Vermutung haben, dass sein Verhalten krankhaft gestört ist, lohnt es sich auf jeden Fall, sich dazu die Meinung von Experten aus verschiedenen Metiers einzuholen. Der Besuch bei einem kompetenten Tierarzt ist dabei genauso sinnvoll wie das Aufsuchen eines Hundetrainers, der gegebenenfalls mit dieser Rasse ausreichende Erfahrung hat – und auch ein Kenner oder Züchter der Rasse kann hilfreich sein. Bei Hunden, die keiner Rasse angehören oder Mischlinge sind, lohnt es sich ebenfalls, mehrere Diagnosen einzuholen, um danach möglichst angemessen mit der Problematik umzugehen.

»Mit dem Essen spricht man nicht!«

»Wer also dann etwa meint, auch das Beuteschlagen entspringe der Aggression, der müßte folgerichtig auch Aggression einem Hund unterstellen, der eben genüßlich einen Floh zwischen den Schneidezähnen vernichtet.«
Eberhard Trumler (1989)

Der Titel dieses Abschnitts »Mit dem Essen spricht man nicht!« mag auf den ersten Blick witzig klingen. Abgeleitet von »Mit dem Essen spielt man nicht!« spricht er aber einen wichtigen Punkt an: Jagen ist nicht Teil des Sozialverhaltens – es findet keine Kommunikation statt. Ein Raubtier wird nicht riskieren, seine Beute vorzuwarnen, wenn es erfolgreich jagen will. Ein Löwe brüllt nicht, wenn er sich an die Antilope heranschleicht, um seine Chancen, sie zu schlagen, zu verbessern. Ein Hund tut es mit dem Kaninchen gleich. Zwischen Räuber und Beute findet kein aktiver Austausch von Informationen statt – der Räuber möchte nichts mitteilen, er möchte nur seinen Hunger stillen.

Beaver (1983) unterscheidet zuerst zwei Formen der Aggression, die in Bezug auf das Töten von Beute im Gegensatz zu aggressiver Kommunikation im Sozialverband sinnvoll sein können: die *nichtaffektive* und die *affektive* Aggression. Im ersteren Fall spielen weder Gefühle noch Emotionen eine Rolle, im zweiten sehr wohl. Dennoch sind Affekte oder Emotionen nicht das gleiche wie Gefühle. Am deutlichsten wird der Unterschied, wenn man sich überlegt, ob man einem inneren Ereignis einen Begriff zuordnen kann. Freude, Angst und Ärger sind Gefühle. Emotionen sind das, was man fühlt, wenn man die Haustür zugeschlagen hat und einem bewusst wird, dass der Schlüssel noch im Flur liegt. Wenn man heimkommt und einem einfällt, dass man den Geburtstag seiner Frau vergessen hat. Wenn man auf der Landstraße fährt und einem ein Reh vor das Auto springt. Im Affekt reißt man dann womöglich am Lenkrad.

Das Jagen des Hundes gehört zur *nichtaffektiven Aggression*. Der Begriff »Aggression« beschreibt hier also keinen emotionalen Zustand, sondern allein die Auswirkung, die ein Verhalten auf die Umwelt hat. Man spricht von Aggression, weil das Verhalten ein anderes Lebewesen schädigt, aber man spricht auch von nichtaffektiv, weil dabei Emotionen keine Rolle spielen. Die Verhaltenskette des »Jagens« besteht aus einer Reihe von Verhaltensabschnitten: Heranpirschen, »Sich-auf-das-Opfer-Stürzen« und schließlich Zubeißen. Man kann diese Verhaltenskette auslösen, indem man Bereiche des dorsolateralen Hypothalamus, einer Hirnregion, künstlich stimuliert – die Kette ist fest integriert und funktioniert ohne jegliche emotionale Reize, auch ohne Erfahrung und ohne Erinnerung (Siegel & Shaik, 1997). Nichtaffektive Aggressionen kann man nicht direkt durch emotionale beeinflussen, weil die Verhaltensweisen in keinem direkten Kontext zueinander stehen. Das ist einer der Gründe, warum Jagen zwar einerseits sehr effektiv, aber andererseits – nämlich im falschen Kontext – so gefährlich ist.

Jagen versus Sozialverhalten

Das Jagdverhalten wird ethologisch betrachtet vom Sozialverhalten getrennt und zu den stoffwechselbedingten Verhaltensweisen gezählt. Neben dem Jagen gehört hierzu auch beispielsweise die Verdauung (siehe Exkurs »Funktionskreise«, Seite 158).

Wann immer es um das Jagen geht, fällt auch häufig der Begriff der *Beuteaggression*, der häufig in unterschiedlichen Zusammenhängen verwendet wird, denn er ist nichts weiter als ein Synonym für die nichtaffektive Aggression. Streng genommen richtet der Hund sein aggressives Verhalten gegen die Beute. Wenn es darum geht, dass der Hund eine Ressource, zumeist Futter, gegen Menschen oder Artgenossen verteidigt, wird zwar von Beuteaggression gesprochen, auch wenn der Begriff hier nicht angebracht ist – das Verteidigen von Ressourcen ist in diesem Kontext eine sozial motivierte Aggression, die der Kommunikation dient. Wie bereits beschrieben, geht es beim Jagen aber nicht »persönlich« zu und dementsprechend zeigen Hunde beim Jagen keine Elemente des Sozialverhaltens.

Der Begriff »Beuteaggression« wird oft auch im Hundesport mit Schutzdienst-Elementen verwendet. Er geht einher oder wird vermischt mit dem Begriff des »Beutetriebs« und beschreibt, mit welcher Motivation sich ein Hund über Beute, also Bälle, Beißwülste und Ähnliches, zum Mitarbeiten bringen lässt und mit welcher Heftigkeit er sich der Beute zuwendet. Kritisch daran ist, dass oftmals der »Beutetrieb« mit dem »Spieltrieb« gleichgesetzt wird – und so sehr man über den Begriff des Triebs diskutieren kann, so wenig hat das jagdlich motivierte Beutefangen etwas mit Spielen zu tun, weil es, wie oben bereits angeführt, nicht sozial motiviert ist, sondern eben nichtaffektiv aggressiv ist.

Obwohl der Hund aufgrund der »Vollpension«, mit der er in unserer Gesellschaft lebt, keine Notwendigkeit mehr hat zu jagen, werden die nicht nur genetisch fixierten, sondern auch noch selbstbelohnenden Mechanismen weiter ausgeübt und können im wahrsten Sinne des Wortes süchtig machen. Neben Adrenalin wird beim Jagen Dopamin ausgeschüttet, das den Hund in einen rauschhaften Zustand versetzt. Prinzipiell ist das gut so, denn ein Tier muss sich nun einmal ernähren, und so sollte auch ein Raubtier zu jeder Zeit hoch motiviert sein, Beute zu schlagen. Der Mechanismus dient dem Überleben und ist so elementar, dass er – wie beispielsweise auch die Nahrungsaufnahme – nicht so einfach weggezüchtet werden könnte. Auch unsere heutigen Hunde reagieren also auf jene Reize, die Jagen auslösen, auch wenn sie satt sind. Bewegung, Geruch und bestimmte Geräusche lösen das Verhalten aus und der Körper sendet jene Botenstoffe, die das Jagen an sich zu einem lohnenswerten Verhalten machen, auch wenn die Jagd selbst möglicherweise nicht erfolgreich war.

Gerade bei solchen Hunden, die per Disposition dazu neigen, Bewegungsreizen nachzugeben – und hierzu zählen vor allem Hüte- und Treibhunde und ursprünglich jagdlich geführte Hunde –, gehört das unkontrollierte Werfen von Bällen, Kongs und anderen Wurfgeschossen zu den No-Gos der Hundebeschäftigung. Mit dieser Form des vermeintlichen Spiels können gefährliche Verhaltensweisen gefördert werden – abgesehen davon, dass Jagen und schlimmstenfalls Suchtverhalten für einen Hund nie als Beschäftigung oder gar Spaß angesehen werden sollten. Nicht alles, was »schon immer« so gemacht wurde, ist heute auch noch wirklich gut und sinnvoll. Denn statt zu »spielen« trainiert der Mensch mit seinem Hund das Jagdverhalten, um genau zu sein das Beutefangverhalten, und die Kondition des Vierbeiners, seine vermeintliche Beute auch wirklich ausdauernd und letztlich erfolgreich jagen zu können.

Besonders gefährlich ist so eine Beschäftigung in diesem Zusammenhang, weil im Gegensatz zum affektiven Aggressions- und damit zum Sozialverhalten keine Kommunikation mit der »Beute« stattfindet. Denn – wie bereits erläutert – der Wolf, der das Reh vorwarnt, indem er mit ihm beispielsweise durch Heulen oder Grollen kommuniziert, würde mangels Jagderfolg schnell verhungern.

Eine Besonderheit unserer Haushunde im Gegensatz zu wild lebenden Kaniden ist, dass sie auch solche Dinge jagen, die sich eigentlich nicht als Beute eignen. Hierzu zählen neben der Vielzahl an Wurfgegenständen, die man im Zoofachhandel kaufen kann, auch Fahrräder, Autos, Flugzeuge und im schlimmsten Fall eben Menschen. Besonders deutlich zeigt sich das, wenn man einmal einen sogenannten »intelligenten« Jäger beobachten konnte – hierzu zählen zum Beispiel viele Wolfhundrassen. Sie jagen dann, wenn sie eine wirkliche Chance sehen, die Beute zu fassen – und die muss dann auch fressbar sein. Dieses Jagdverhalten in Trainings unter Kontrolle bringen zu wollen, ist deswegen so schwierig, weil sich diese Hunde nicht »austricksen« lassen: Sie reagieren nicht auf geworfene Bälle und nicht auf falsche Fuchsschwänze, die an Hasenzugmaschinen montiert wurden. Der Bewegungsreiz allein reicht bei diesen Hunden nicht, um eine Jagdsequenz auszulösen – es müssen immer mehrere Indikatoren (beispielsweise der richtige Geruch, das Bewegungsverhalten oder die Nähe zur Beute) zusammenkommen, damit der Wolfhund der Beute tatsächlich hinterhergeht.

Wer seinen Hund als »Spiel« oder »Beschäftigung« hauptsächlich darin trainiert, sich bewegenden Dingen kopflos hinterherzustürzen und sie zu packen, der riskiert, dass der Hund nicht mehr in der Lage ist, zwischen jagdbaren und nicht jagdbaren Reizen zu unterscheiden. Vielleicht ist das später dann nicht immer der Fall, vielleicht passiert es nur in einem besonders unübersichtlichen Moment, aber in vielen Fällen liegt, laut bestehender Untersuchungen, der Auslöser für eine gefährliche Attacke eines Hundes auf einen meist kleineren Artgenossen oder auch auf einen Menschen nicht im affektiven Aggressionsbereich, sondern im nichtaffektiven, jagdlichen Bereich. Auch wenn so ein schreckliches Ergebnis nicht das Resultat von solchen Spielen sein *muss*, so erhöhen sie doch seine Wahrscheinlichkeit – und das sollte einem Halter immer bewusst sein. Die pathologische Untersuchung in dem weiter oben genannten und fast allen weiteren untersuchten Fällen, in denen ein Kind starb, ergab, dass die Hunde typische Elemente aus dem Jagdverhalten zeigten (Heinze et al., 2014). Weil es beim Jagen zusätzlich zu einer massiven Dopaminausschüttung kommt, konnten herbeieilende Helfer die Attacken nicht unterbrechen, weil die Tiere »wie rauschhaft« handelten.

Jagen ist eine existenzielle Verhaltensweise. Sie ist deswegen so elementar in den Hirnstrukturen von Raubtieren verankert, weil ein Räuber, der nicht jagt, verhungert. Es ist uns wichtig zu betonen, dass Jagen per se natürlich kein gefährliches Verhalten ist. Aber man muss sich bewusst sein, dass unsere Gesellschaft streng genommen kaum Raum für einen so großen Räuber wie den Hund hat. Dazu muss man nur die Geschichte des Wolfes und die aktuellen Diskussionen um seine Wiederbesiedlung in unseren Breiten betrachten. Unsere Hunde können und dürfen nicht losziehen und sich ihre Nahrung selbst organisieren. Gleichzeitig trainieren wir mit veralteten »Spielen« genau dieses Verhalten und übertreiben es dabei mitunter völlig. Viele Halter erkennen darüber hinaus die Warnhinweise nicht – sie verwechseln freundliches Interesse mit der Abschätzung der Situation auf Jagdbares. Sie geben die Schuld der Nachbarskatze, dem Inlineskater oder dem Jogger, der sich nicht früh genug angekündigt hat, nicht gegrüßt und nicht die Geschwindigkeit reduziert hat. Und wenn der Hund Autos jagt, dann hoffen sie einfach, dass das Auto schneller ist. Heute ist es wichtig, sich bewusst zu machen, dass praktisch alle Hunde, die wir halten, keine jagdlichen Aufgaben mehr haben und man diese Talente auch nicht fördern sollte – sondern nur die Fähigkeit des Hundes, sich selbst unter Kontrolle zu haben.

Es gibt im Übrigen einige Ausnahmen, wie beispielsweise den Deutschen Jagdterrier, der Verhaltensmerkmale aus dem stoffwechselbedingten Verhalten und der Agonistik vermischt. Hintergrund dieses züchterisch gewollten Verhaltens ist es, dass die Hunde bei der Jagd auf deutlich größere oder äußerst wehrhafte Tiere wie zum Beispiel Wildschweine oder Dachse eingesetzt werden. Während die meisten Hunde spätestens in dem Moment, in dem sie den Keiler stellen, erfahren müssen, dass sie ihrem Gegenüber unterlegen sind und folglich die Flucht ergreifen, generiert der Deutsche Jagdterrier neue Motivation, indem er »ein persönliches Ding« aus dem Konflikt macht und in den »sozial« motivierten Ernstkampf mit dem deutlich größeren Gegner geht. Die ursprüngliche Nutzung der Terrier bei der Bau-Arbeit und der Jagd auf Schwarzwild erklärt damit auch den »Größenwahn«, der diesen Hunden nachgesagt wird. Kann der Terrier die Wildsau stellen, wird er versuchen, sich sofort darin zu verbeißen. Gegenwehr macht ihn nur noch wilder, er verfällt regelrecht in Rage und ist wie von Sinnen. Nur so ist es zu erklären, dass die kleinen Terrier es überhaupt schaffen, sich mit einem um ein Vielfaches größeren Wildschwein anzulegen. Ebenso verhält es sich bei den Terriern, die ausschließlich dafür gezüchtet wurden, schädliche Nager oder kleines Raubzeug, wie Wiesel und Marder, vom Grundstück zu vertreiben. Wer einen Terrier beim Kampf mit einer Ratte erlebt hat, die aufgerichtet fast größer ist als der Hund, kann sich der grausamen Magie dieses Szenarios nicht entziehen. Es ist ein Kampf auf Leben und Tod, bei dem die Ratte dennoch keine Chance hat. Der Terrier wird diesen Schädling beseitigen. Bei diesen Rassen spielt die Selbstbelohnung eine große Rolle, weswegen es fatal sein kann, einen gelangweilten Jack Russell Terrier mit einer Reizangel auslasten zu wollen. Man trainiert dabei lediglich seine Schnelligkeit und die hormonelle Ausschüttung, die seine rauschartigen Eskapaden bedingen. Und dabei braucht ein Terrier keine Nachhilfe, das ist kein Arbeiten gegen die Genetik, sondern man hilft dem Hund dabei, nicht ständig auf der Suche nach dem auslösenden Reiz durch die Welt zu laufen.

Verschiebung des Beutespektrums

Kommt es bei den Hunden zu dieser ständigen Suche, der sogenannten Appetenz, nehmen gerade gefährdete Rassen gern aus Ermangelung jagdbaren Wildes den nächstbesten Reiz, um auf ihre Kosten zu kommen, sprich den wohltuenden Hormonkick als Selbstbelohnung. Trainiert man mit Ballwerfen oder Reizangel diese Hormonausschüttungen, wird der Hund noch schneller in die eigentlich ungewollte Rage kommen. Das kann ohne ein Intervenieren eine fatale Spirale der Steigerung auslösen. Der Hund wird unruhiger werden, suchender. Es kann dazu kommen, dass er jeden sich bietenden Bewegungsreiz annimmt und ihm folgt, hoffend, dass er so das erwünschte Hochgefühl erfährt.

Auch allen Packerrassen, wie zum Beispiel dem Rottweiler, ist diese »Schwachstelle« genetisch vorgegeben. Darum sollte man schon vom Welpenalter an das Gegenteil trainieren. So konfrontiert man den jungen Hund mit Bewegungsreizen, denen er nicht folgen darf. Es ist ein zweifelhafter Spaß, so einem kleinen Hund das Hinterherhetzen und Packen von diversen Gegenständen, im schlimmsten Fall eines Balls, zu zeigen und gar noch zu belohnen.

Selbst Hunde, bei denen von Anfang an darauf geachtet wurde, sie keinen auslösenden Reizen folgen zu lassen, sind oft angespannt bei schnellen Bewegungen. Als Beispiel sei ein junger Rottweiler genannt, bei dem vom Welpenalter an sehr darauf geachtet wurde, dass er weder Bällen, Stöcken noch irgendetwas anderem nachrannte. Die Halter hatten einen Kinderwunsch und wussten um die Gefahr ballspielender Kinder. Es wurde trainiert, dass er ruhig liegen blieb, wenn ein Stock, Ball, Schneeball oder Erdhaufen flog. Man achtete sehr auf die Generalisierung dieser Impulskontrolle. Als das Krabbelkind der Familie jedoch das erste Mal mit seinem Rutschauto durch den Hof rollte, sprang der Hund auf, biss in die rollenden Reifen und holte das Kind somit unsanft zu Boden. Obwohl er sofort gemaßregelt wurde und das Verhalten des Hundes streng reglementiert wurde, generalisierte er zunächst sein Verhalten und versuchte danach, auch Dreirad, Fahrrad und schließlich auch Staubsauber zu packen.

Gefährdet sind auch Rassen, bei denen in der Zucht Teile der Jagdkette herausgearbeitet wurden, was bei den Treib- und Hütehunden der Fall ist. Auf Hundeplätzen macht man sich diesen »Beutetrieb« zunutze, um hohen Gehorsam zu erreichen – mit der Belohnung, im Anschluss den Ball zu werfen. Die Hunde laufen neben ihren Hundeführern immer mit Blick zum Ball, der meistens in der Brusttasche steckt, um den Kopf des Hundes besonders dem Halter zugewandt wirken zu lassen. Es ist ein völlig unnatürliches Verhalten, das, neutral beobachtet, krankhaft wirkt. Schuld daran ist immer wieder eine vorher trainierte und geförderte Sucht nach dem Objekt Ball, anstatt dem ehrlichen Interesse am Halter selbst. Da es sich hier um einen Teil des Jagdverhaltens handelt, das trainiert wird, ist eine solche Methode für den normalen Familienhund eher kontraproduktiv, denn im Alltag möchte man keinen jagenden Hund.

Fatal wird es dann, wenn der Hund so weit trainiert wurde, dass er appetenzbedingt nach jedem auslösenden Reiz sucht. Obwohl ein Hund eigentlich weiß, dass Fahrräder, Bälle, Flugzeuge oder Straßenbahnen nicht zum üblichen jagdbaren Beutespektrum gehören, reagiert er dennoch auf die Bewegung. Damit werden aber neben den genannten Gegenständen auch Jogger, Fahrradfahrer, Inlineskater oder im schlimmsten Fall rennende Kinder zur Beute – Menschen werden zur jagdbaren Beute. In den meisten Fällen bleibt es glücklicherweise bei einem schmerzhaften Packen, im schlimmsten Fall liegt aber der Jagd Tötungsabsicht zugrunde und der Hund ist groß und kräftig genug, um diesem Instinkt zu folgen. Jagdverhalten ist bei den meisten tödlichen Beißvorfällen mit Kindern als Ursache für die gravierenden Verletzungen der Opfer rekonstruiert worden. Nicht jeder Hund, der mit einem Ball spielt oder für Training damit belohnt wird, entgleist derart – das gilt es hier zu betonen. Es müssen ungünstige Konstellationen aufeinandertreffen, um so eine Gefahr heraufzubeschwören – dennoch sollte man bestimmte Beschäftigungs- und Belohnungsmethoden kritisch betrachten und besonders achtsam das Verhalten des Hundes im Auge behalten.

Akustik, ein weiterer Auslöser für jagdliches Verhalten

Jeder Hund verfügt über Beutefangverhalten, bei einigen Rassen ist es stärker ausgeprägt als bei anderen, aber auch hier bestätigt die berühmte Ausnahme die Regel, sodass man keiner Hunderasse per se ein übersteigertes Beutefangverhalten unterstellen kann. Es liegt in der Verantwortung des Hundebesitzers, dieses obligate Verhalten zu managen und zu kontrollieren. Eine schlechte Wahl der Elterntiere, »Jagdspiele«, aber auch schlechte Haltungsbedingungen, mangelnde Sozialisation und fragwürdige Erziehungsmethoden können eine ungünstige Entwicklung der jagdlichen Ambitionen unserer Hunde bedingen. Mit teilweise furchtbaren Folgen für die Umwelt. Dramatisch kann es beispielsweise werden, wenn bei sogenannten Rennspielen das vermeintliche »Häschen« gejagt wird; oft sind es kleinere Hunde, die im Rennen quietschende, japsende Geräusche von sich geben und somit das Jagdverhalten auslösen – zum Teil mit schwerwiegenden Folgen für diese kleinen Hunde.

In ihrer Studie *»Life-threatening dog attacks: a devastating combination of penetrating and blunt injuries«* aus dem Jahr 2001 verorteten Calkins et al. neben den Bewegungsreizen auch akustische Signalgeber als Auslöser, die dazu geeignet seien, ein hundetypisches

Verhalten plötzlich und drastisch zu ändern. Über einen Zeitraum von sechs Jahren (1994 bis 1999) analysierten die Forscher neununddreißig schwere Beißvorfälle, deren Opfer Kinder waren, und kamen zu dem Ergebnis, dass in den meisten Fällen Bewegung und/oder akustische Reize die Auslöser für die Attacke des Hundes waren. Damit wurde bestätigt, dass nicht nur bestimmte Lautäußerungen kleiner Hunde das Jagdverhalten größerer Artgenossen auslösen können, sondern auch die von Kindern.

Exkurs: Aggression und Gewalt

Wenn man sich mit aggressivem Verhalten beschäftigt, dann muss man sich zuerst darüber im Klaren sein, was man selbst – und gegebenenfalls das Gegenüber – eigentlich unter dem Begriff »Aggression« versteht. Die Spanne der ganz persönlichen Definitionen ist wie bei nur wenigen anderen Begriffen derart von eigenen Erfahrungen und den verschiedensten Quellen geprägt. Wie standen die Eltern zu Aggression? Wie man selbst? Was hat man erlebt? Was hat man aus den Medien mitgenommen? Wo sind die eigenen moralischen Grenzen und in welchem Kontext sieht man aggressives Verhalten eigentlich?

Begriffe, die besonders häufig miteinander vermischt werden, ohne dass sie definitionsgemäß vermischt werden sollten, sind die Begriffe »Aggression« und »Gewalt«. Das passiert vor allem dann, wenn Aggression in den gleichen moralischen Kontext wie Gewalt und möglicherweise Kriminalität gesetzt werden. Da ist von aggressiven Jugendlichen die Rede, von gewalttätigen Rowdies, von Straftätern, die Gewalt angetan haben und dabei besonders aggressiv vorgegangen sind. Im soziologischen Kontext gehören Aggression und Gewalt zusammen. Es geht um Macht und um Missbrauch, um Opfer und um Hilflosigkeit. Genau dieser Kontext ist natürlich auch jener, der am häufigsten mit Freunden, der Familie oder in den Nachrichten diskutiert wird.

In der Natur gibt es Gewalt streng genommen nicht – zumindest wird der Begriff nicht genutzt. Wahl (2012) schlägt vor, den Begriff Aggression im biologischen Kontext zu sehen. Aggression beschreibt demnach das Gemisch aus biopsychosozialen Mechanismen zur Ressourcengewinnung und -verteidigung, die einen evolutionsbiologischen Vorteil bieten und deswegen persistieren. Gewalt wird als Begriff ausschließlich im Kontext des Menschen verwendet. Es ist die durch die Gesellschaft und den Staat historisch und kulturell unterschiedlich große Teilmenge von Aggression, die gefordert und gewünscht (staatliche Gewalt), geduldet (Boxsport oder Wrestling), gefürchtet oder bestraft (Krieg, Mord) wird. In diesem Buch beschäftigen wir uns mit dem biologischen Begriff der Aggression, denn Hunde sind keine Menschen, auch wenn sie in ihrer Gesellschaft leben – was wiederum die Vermischung der Begriffe und emotionalen Verwechslungen erklärt.

Wichtig ist, dass Sie sich mit Ihrer bisherigen Definition von »Aggression« beschäftigen und dann gegebenenfalls sehr bewusst die Inhalte dieses Buches mit der eigenen Definition abgleichen. Wer Hunde hält, sollte sich ihrer Natürlichkeit als Raubtier genauso bewusst sein wie ihrer Gefährlichkeit. Hunde können nichts dafür, dass sie von uns Menschen in Grauzonen transportiert werden, wo die sachliche Abgrenzung ihres Verhaltens mit der Funktion, die sie erfüllen sollen, schwierig ist. Es gibt Diensthunde, die im Sinne des Staates Gewalt ausführen dürfen, die im Sport geführt werden, wo ihr Verhalten geduldet wird, und die gefürchtet werden, weil sie Menschen zur Seite stehen müssen, die kriminell sind. Der Hund versteht diese Unterschiede nicht und kann nur seine Aggression zeigen, kennt aber die Idee von Gewalt nicht. Gefährlich sind oftmals nur die Hunde, die nichtaffektiv aggressiv sind: Zeigt ein Hund dem Menschen gegenüber Jagdverhalten, ist er gefährlich. Kampfhunde hingegen sind – wenn überhaupt – aggressiv, und das meist auch nur Artgenossen gegenüber. Ein Generalverdacht gegen Rassen ist unlogisch, weil er unnatürlich ist.

Exkurs: Kampfhunde

Das Thema »Kampfhunde« ist eines, über das man ein eigenes Buch schreiben könnte – sowohl was die Geschichte und jüngste Entwicklung dieser Rassen und Rassetypen angeht als auch, welchen Einfluss die Medien auf unsere Gesellschaft und die staatlichen Organe haben.

Um es gleich vorwegzunehmen: Ja, es gibt Rassen, die für Kämpfe mit Artgenossen gezüchtet wurden. Die Betonung sollte auf dem wichtigen Aspekt dieser Rassen liegen: Sie sind oft – und manchmal auch heute noch gewollt – artgenossenunverträglich. Aber sie sind eines nicht: dafür gezüchtet, Menschen zu attackieren. Ganz im Gegenteil: Diese Hunde mussten sich handhaben lassen, sie mussten versorgt und geführt werden. Und sie sollten vor johlendem und vermutlich oftmals angetrunken grölendem Publikum nicht die Menschen angreifen, sondern den anderen Hund in der Kampfarena.

Unabstreitbar ist, dass ihr Biss bei einem Menschen schwere Verletzungen verursacht – wie der jedes anderen Hundes dieser Größe ebenfalls. Die oftmals bulligen Kampfhundrassen wurden aber, anders als – sagen wir – Pudel, auch oft von einem bestimmten Menschentyp gehalten und dem bedrohlichen Image entsprechend trainiert. Studien haben diese Zusammenhänge untersucht und bestätigt. Die Artgenossenunverträglichkeit wäre etwas gewesen, das man innerhalb von wenigen Dekaden züchterisch auf ein nicht mehr relevantes Mindestmaß hätte reduzieren können, denn auch heute gibt es eine ganze Reihe von Kampfhunden, die vollkommen artgenossenverträglich und dazu noch außerordentlich menschenfreundlich sind. Statt die Zucht zu verbieten und die Haltung durch diverse Maßnahmen in die gesellschaftlichen Schichten zu drängen, wo staatliche Vorgaben sowieso nicht so unglaublich viel Eindruck hinterlassen, hätte man sinnvoll daran arbeiten können, diesen

Rassen einige Eigenschaften zu nehmen und den Charakter als Begleithund zu erhalten.

Recherchiert man ein wenig, dann scheint es so, als wären sämtliche Aussagen über die Gefährlichkeit einzelner Hunderassen ohne jegliche wissenschaftliche Basis. Es lässt sich keine Veröffentlichung finden, keine Studie darüber, welche Rasse mit welcher Art von Vorfall, verglichen mit der Gesamtanzahl der Rassevertreter der entsprechenden Region, wie auffällig wurde. Und in keinem Fall wurden soziologische Aspekte in diese Beurteilung mit aufgenommen.

Basierend auf einem – wie es scheint – reinen und dabei nicht einmal gut durchdachten Vorurteil wurden Anfang dieses Jahrtausends viele Hunde dieser Rassen und der Mischlinge daraus eingeschläfert, zu einem Leben im Tierheim verdammt oder mit nicht nachvollziehbar hohen Steuern belegt.

KAPITEL 2

Formen des Aggressionsverhaltens

Die Gründe, warum ein Hund sich aggressiv verhält, sind vielfältig. Und in den meisten Fällen gibt es nicht »den einen« klar identifizierbaren Auslöser für Aggressionsverhalten, sondern gleich eine ganze Reihe von Reizen und Umständen, die zusammenkommen müssen, damit ein Hund droht oder gar beißt. Diese Auslöser können eine direkte oder diffuse Bedrohung sein, aber auch schon eine mehr oder weniger deutliche Unterschreitung der Individualdistanz kann ausreichen, damit ein Hund sich aggressiv verhält. In jedem Fall gibt es bei so ziemlich jedem Hund, wie auch bei jedem Menschen, einen Auslöser, der dazu führt, dass er »ausrastet«. Welcher das ist und ob er oder wir diesem in unserem Leben je begegnen, steht auf einem anderen Blatt. Tatsächlich verfügen wir über Verhaltensweisen und Fähigkeiten, die uns gar nicht bewusst sind. Ein solches Verhalten legt ein Lebewesen nicht an den Tag, solange kein Auslöser vorhanden ist.

Und so ist es oft ein Bauchgefühl, dass dem Hundehalter sagt, dass man bestimmte Dinge vom eigenen Hund besser nicht einfordert, weil die Reaktion schmerzhaft ausfallen würde.

Um einen Hund besser einschätzen zu können, ist es deswegen wichtig, sich mit den Formen der Aggression zu beschäftigen, so wie sie verschiedene Zweige der Biologie definiert haben. Neben der Verhaltensbiologie, also der Ethologie, beschäftigen sich auch die Ökologie und die Evolutionsbiologie mit Aggression. So ein Verhalten hat nicht nur einen Einfluss auf das ausübende Individuum, sondern eben auch auf andere Individuen und die Umwelt. Konkurrenz spielt beispielsweise eine große Rolle, wenn es um die Entwicklung, das Wachsen und Schrumpfen von Populationen geht und darum, was an nächste Generationen vererbt wird.

Im Folgenden betrachten wir also erst einmal die Unterteilungen, die in der Ökologie gemacht werden – sie beruhen auf den Beziehungen, die Lebewesen zueinander haben. Im Anschluss werden wir darüber diskutieren, ob diese Unterteilung immer sinnvoll und zielführend ist.

Intraspezifische Aggression

Bei unseren Hunden wie auch bei allen anderen Lebewesen, ja sogar Pflanzen, gilt es grundsätzlich zu unterscheiden, ob sich das Verhalten gegen ein Mitglied der eigenen Art oder gegen eine andere Spezies, wie zum Beispiel den Menschen oder eine im Haushalt lebende Katze, richtet. Diese Unterscheidung wird in der Ökologie gemacht, weil man davon ausgeht, dass die Konflikte, die innerhalb eines Sozialverbands, einer Population oder einer Art anderer Natur sind als die, die zwischen zwei unterschiedlichen Arten stattfinden. Während sich die ökologischen Ziele einer Art gleichen, muss das bei zwei unterschiedlichen Arten nicht der Fall sein. Beziehungen, die nur innerhalb einer Art Sinn machen, sind beispielsweise die Fortpflanzung, der Status oder die Ressourcen, wie Liegeplätze oder die Nahrung. Nahrung ist ein wichtiger Faktor, denn er bedingt viele andere Lebensbereiche: Gesundheit, den eigenen Status und letztendlich die biologische Fitness, die definiert, mit welchem Erfolg sich ein Tier vermehrt. Gerade wenn es aber um die Nahrung geht, gibt es auch Überschneidungen in den Beziehungen, denn gegebenenfalls leben in einem Gebiet mehrere Arten, die ein ähnliches Nahrungsspektrum haben. Auch Hunde sind keine Nahrungsspezialisten, die sich nur aus einer Quelle ernähren, wie es Koalas tun, die ausschließlich die Blätter einer einzigen Baumart, des Eukalyptus, fressen. Ob ein Konflikt um Nahrung innerhalb einer Art stattfindet oder zwischen zwei unterschiedlichen Arten, kann deswegen einen großen ökologischen Unterschied machen.

Die intraspezifische oder auch innerartliche Aggression (lat. *»intra«* = innerhalb, lat. *»species«* = Anblick, Erscheinung, Gestalt) beschreibt alle aggressiven Verhaltensweisen innerhalb der eigenen Art. Neben den konflikthaften Beziehungen, zu denen auch die Konkurrenz zwischen zwei Hunden gehört, gehört in der Ökologie auch die intraspezifische Sozialisierung zu den für Hunde hoch relevanten Beziehungen: Von wem könnte ein Hund besser lernen, sich zu verhalten, als von einem anderen Hund? Verhalten, das ein Hund gegen einen anderen Hund richtet, ist intraspezifisch, weil beide Tiere der gleichen Art angehören. Intraspezifische Aggression beinhaltet eine breite Palette an kommunikativen Mitteln: Zwischen dem Drohen und der körperlichen Auseinandersetzung zwischen zwei Hunden liegt eine Vielzahl körpersprachlicher Signale, die auf Seite 109 genauer beschrieben sind.

Aggression ist eine Kosten-Nutzen-Rechnung – man kann so ein Verhalten nicht immer und überall einsetzen, um für sich das

Maximum herauszuholen. Aggression verbraucht ein hohes Maß an Energie, birgt hohe Risiken, und besonders bei sozialen Lebewesen beschränken zu viele Faktoren den Einsatz. Der Großteil aggressiven Verhaltens bei Wölfen, beobachtet im Denali-Nationalpark in Alaska, sind Einschüchterungsgesten anstelle tatsächlicher physischer Attacken mit Bissen. Dennoch sind 35 bis 65 % der Todesursachen bei ausgewachsenen Wölfen auf intraspezifische Kämpfe zurückzuführen (Mech et al., 1998). Hunde, wie alle anderen Lebewesen auch, kommunizieren deswegen (nicht nur) im aggressiven Bereich ritualisiert. Als Ritualisierung (siehe auch Seite 123 ff.) bezeichnet man in der Ethologie vererbbare Verhaltensmuster, die einen Funktionswandel erfahren haben und einem allgemeinen kommunikativen Zweck dienen. Hunde lösen viele Konflikte durch ritualisiertes Verhalten: Kommentkämpfe (siehe Seite 146 ff.) verfolgen den gleichen Zweck wie Ernstkämpfe, ohne dass die gesundheitlichen Risiken ähnlich hoch sind, weil die Elemente des Kampfes nur in stilisierter Form gezeigt werden. Bei Hunden, die mit Artgenossen gut sozialisiert sind, wird es nur in den allerseltensten Fällen zum Äußersten kommen – zumindest im Idealfall. Ritualisierungen werden damit auch immer durch Erfahrungen gestützt und verfeinert und können nur so eine sichere Alternative sein. Ritualisiertes Verhalten ist ein guter Indikator für intraspezifische Aggression – gegen artfremde Tiere wird es nicht eingesetzt.

Interspezifische Aggression

Interspezifische Beziehungen (lat. »*inter*« = zwischen, also zwischenartliche) machen eine ganze Reihe von interessanten ökologischen Aspekten aus: Konkurrenz zwischen zwei Arten entsteht, wenn sie dieselbe Nahrungsquelle nutzen. Das kann auch ein Beutetier sein.

Insofern sind auch Katzen für Hunde Konkurrenten, denn beide Raubtiere haben eine Schnittmenge im Nahrungsspektrum: Mäuse und kleinere Vögel beispielsweise. An der Leine erleben Halter aber auch oft, dass der Hund sein Fell sträubt und die nahende Katze durch Knurren und Bellen verscheucht. Treffen allerdings freilaufende Hunde auf Katzen, ist die Gefahr groß, dass sie sie jagen und – falls sie sie erwischen – töten. Dabei geht es nicht um Nahrungserwerb, sondern – im Unterschied zur intraspezifischen Aggression – um die »Entfernung«. Das ist im Grunde ein natürliches und ökologisch sinnvolles Verhalten, denn Katzen sind nun einmal Konkurrenten, die potenzielle Nahrung reduzieren. Im Unterschied zu rein jagdlichem Verhalten zeigen Hunde Katzen gegenüber aber oft kommunikative Mittel, die dem Vertreiben des Konkurrenten dienen sollen. Ein Spezialfall könnte sich ergeben, wenn der Hund selbst mit Katzen zusammenlebt oder nebenbei mit ihnen sozialisiert wurde. Die interspezifische Aggression beschreibt dementsprechend das Aggressionsverhalten gegenüber Individuen, die nicht zur gleichen Art gehören. Aus der interspezifischen Konkurrenz, die mehr einen ökologischen Zustand beschreibt, entsteht in diesem Beispiel die interspezifische Aggression, die als Verhalten der Beseitigung des Konkurrenten dient, der – instinktiv gesehen – lebensbedrohlich ist, weil er die überlebenswichtige Ressource Nahrung streitig macht.

In unserer Gesellschaft ist dieses Verhalten natürlich nicht angebracht. Hunde dürfen im Normalfall nicht mehr eigenständig jagen oder Konkurrenten beseitigen – und das zu Recht, denn auch die Katze hat einen Halter, der an seinem Haustier hängt und eine Beziehung zu ihm hat. Auch eine noch so natürliche Verhaltensweise geht mit unserer Gesellschaft nicht mehr konform und es muss als eine Einschränkung des normalen Verhaltensspektrums akzeptiert werden.

Ein weiteres, naheliegendes Beispiel wäre aggressives Verhalten, das zwischen einem Hund und einem Menschen stattfindet. Prinzipiell wäre die Einordnung des Verhaltens als interspezifische Aggression ganz offensichtlich. Aber so einfach ist die Problematik nicht – und das hat vor allem damit zu tun, dass der Hund – im übertragenen Sinn – »menschengemacht« ist. Seine Entstehung beruht auf dem selektiven Einfluss des Menschen, der zu vielfältigen Veränderungen während des Domestikationsprozesses geführt hat. Vergleicht man die heutigen Wölfe mit Hunden, dann finden sich auch Unterschiede im Ausdrucksverhalten, denn das ist bei Hunden stark reduziert. Wir wissen heute aber auch, dass Hunde beispielsweise auf Gesten achten, die Kooperation von Menschen suchen und erkennen können, ob eine Person freundlich blickt oder nicht. »Den Menschen ordnet Feddersen-Petersen (1998) dabei in den Bereich der innerartlichen Aggression ein, da er Sozialpartner des Hundes ist und Aggressionen von Hunden gegenüber Menschen nur unter diesem Gesichtspunkt sinnvoll zu analysieren sind.« (Riedel, 2014) Der Hund wird in seiner Beziehung zum Menschen somit zu einem ökologischen Sonderfall: Zwar gehört er definitiv nicht zur Art Mensch, ist aber sehr wohl sein Sozialpartner, was sein Verhalten intraspezifisch motiviert.

Exkurs:
Epigenetische Faktoren

Erst 1956 fanden Watson und Crick heraus, wie das Erbgut der Lebewesen überhaupt aufgebaut ist. Und erst mit dieser Erkenntnis war es den Biologen der folgenden Generationen möglich, das Erbgut auch tatsächlich zu erforschen. Und so weiß man auch erst seit einer relativ kurzen Zeit (und die Forschung ist noch lange nicht abgeschlossen), wie DNA agiert, die durch sie definierten Gene und damit alles, was uns und andere Organismen ausmacht. Die Epigenetik ist deswegen ein relativ neues Forschungsfeld, das sich vor allem damit beschäftigt, wie Gene unseren Körper zum Funktionieren bringen. So weiß man heute beispielsweise, dass nicht ein Gen eine Funktion hat, sondern verschiedene Gene und Genabschnitte zusammen mit anderen erst eine bestimmte Funktion ergeben. Man weiß heute auch, dass die Umwelt die Aktivität der Gene beeinflusst, sie zeitbefristet ein- und ausschalten kann oder ihre Aktivität erhöhen oder senken kann. Unser Erbgut ist nicht nur etwas, was wir an unsere Kinder vererben – es ist sozusagen unser Betriebssystem. Kommt eine Eingabe von außen, reagiert unser Körper darauf. Und wenn der Einfluss sehr stark ist und diese Information wichtig für unsere Nachkommen sein könnte, dann können »Voreinstellungen« vorgenommen werden, die wir an unsere Kinder vererben.

Das gilt für alle Organismen, denn sie alle haben das gleiche Betriebssystem. Ein schönes und gut verständliches Beispiel findet man direkt vor unserer Haustür in Teichen und Seen. Dort lebt ein kleiner Krebs, der Wasserfloh, der für Wissenschaftler schon immer interessant war, weil er sich per Jungfernzeugung vermehrt. Das bedeutet, dass die Jungen, die ein Weibchen produziert, mit ihm selbst genetisch vollkommen gleich sind – es sind Kopien ihrer selbst. Schon vor vielen Jahren fanden Forscher heraus, dass sich die Jungtiere aber unter bestimmten Bedingungen im Aussehen von dem Muttertier unterscheiden können: Wenn die Mutter in ein Gewässer kommt, in dem es nach Fisch riecht – und Fische sind die größten Fressfeinde der Wasserflöhe –, dann kann sie diese wichtige Information an ihre Kinder weitervererben. Obwohl die Jungtiere genetisch eine Kopie ihrer Mutter sind, tragen sie, anders als die Mutter selbst, einen Stachel auf dem Kopf, der sie für Fische weniger attraktiv als Beute macht.

Auch für den Menschen gibt es solche Erkenntnisse: Die Mediziner Lars Olov Bygren und Gunnar Kaati untersuchten in der kleinen Gemeinde Överkalix in Schweden die Menschen, die 1905 geboren wurden. Ihr Ziel war ursprünglich, Erkenntnisse über die Zusammenhänge zwischen der Ernährung von Kindern und Jugendlichen und dem Risiko, später von Herz- oder Kreislaufkrankheiten betroffen zu sein, zu gewinnen.

Anhand von Erntestatistiken und dem Gemeinderegister machten die beiden Forscher eine erstaunliche Entdeckung. Nicht die Ernährung des Kindes selbst war ausschlaggebend für spätere gesundheitliche Probleme, sondern auf besondere Art und Weise die Ernährung des Großvaters:

»Nicht das Hungern des Großvaters, sondern im Gegenteil, ein von ihm vermutlich mit Freude und ohne jeden Reuegedanken konsumierter Nahrungsüberfluss verkürzte das Leben seiner Enkel um viele kostbare Jahre. Dagegen erhöhte sich deren Lebenserwartung in etwa demselben Maß, wenn Großvater Not leiden musste. Für die Generation der Enkel ging es dabei nicht nur um ein paar Wochen oder Monate. Zwischen den Extremen lagen 32 Jahre, nicht weniger als ein halbes Menschenleben.« (Kegel, 2009)

Auch Hunde haben diese epigenetischen Mechanismen – und sie werden durch viele Faktoren beeinflusst, zu denen wir heute noch gar keine wissenschaftlichen Erkenntnisse haben. Allerdings muss man auch einen warnenden Finger heben, wenn es um das Thema Epigenetik geht: Man darf nicht vergessen, dass all diese Prozesse nicht zu einer immerwährenden Belastung für die zukünftigen Generationen führen – sie sind umkehrbar, weil gleiche Effekte auch für neutrale und positive Ereignisse gelten. Anderenfalls wären auch die Menschen heute ein ganz schön paranoider Haufen, ohne Mut und ohne Möglichkeit, auch nur auf den kleinsten Schreck angemessen zu reagieren.

Exkurs:
Kleine Hormonlehre

Das Wechselspiel der Hormone (H) und Neurotransmitter (NT), also jener Botenstoffe, die das Verhalten eines jeden beeinflussen und bestimmen, ist hoch komplex. Bis heute weiß man nicht einmal genau, wie verschiedene Untergruppen an verschiedenen Orten welche Wirkung entfalten und wie sie mit anderen interagieren. Auch wenn einige Stoffe sowohl als Neurotransmitter als auch als Hormone wirken, gibt es Unterschiede: Neurotransmitter bedienen allein das Nervensystem und dienen der blitzschnellen Weiterleitung von Signalen, Hormone hingegen wirken eher langsam und über weite Strecken im Körper und in den Organen.

Grundsätzlich werden die Wirkungen in vier Neurotransmitter-Systeme eingeteilt, in denen das Aggressionsverhalten beeinflusst wird: Das *cholinerge System* beeinflusst die Aktivitäten im Hippocampus, der Amygdala und dem assoziativen Cortex. Neurotransmitter wie Acetylcholin sorgen dort für eine zielgerichtete Aufmerksamkeit, wie es bei einer Bedrohung notwendig ist, und haben einen starken Einfluss auf das Gedächtnis, weil Bedrohungen zu den für das Leben relevanten Lernerfahrungen gehören. Das *noradrenerge System* ist ein Teil des Stresssystems, die beteiligten Neurotransmitter wie Noradrenalin verursachen Erregung und eine eher unspezifische Aufmerksamkeit, die bei einer noch nicht definierten Bedrohung sinnvoll ist und wachsam macht. Das *dopaminerge System* beeinflusst vor allem den präfrontalen und orbitofrontalen Cortex. Hier wirkt der Neurotransmitter Dopamin, der auch als »Glückshormon« bezeichnet wird. Die Wirkung bedient das Appetenzverhalten und ist antreibend und belohnend, ja sogar belohnungsversprechend. Das *serotonerge System* ist der Antagonist, also der Gegenspieler der anderen Systeme. Serotonin und seine vielen Strukturvarianten wirken dämpfend und beruhigend im limbischen System und im Cortex. Außerdem löst Serotonin Wohlbefinden aus.

Botenstoffe werden nach ihrer Ausschüttung vom Körper im Laufe der Zeit wieder abgebaut. Solange sie vorhanden sind, wirken sie weiter. Auch wenn ein Hund bereits auf eine neue Situation reagiert, befindet er sich immer noch unter dem Einfluss der Botenstoffe. Man muss dem Körper immer die Möglichkeit geben, sich auf dieser Ebene umzustellen. Das gilt besonders für die stressbezogenen Hormone und Neurotransmitter, die evolutionsbedingt lange vorhalten und den Hund (so wie jedes andere Tier) in einem Zustand der Alarmierung halten, weil sich das System als sinnvoll für das eigene Überleben erwiesen hat. Dass heute empfundener Stress beim Haustier Hund eigentlich nichts mehr mit dem Überleben zu tun haben muss, weiß dieses System leider nicht.

Definition – Körperliche Reaktion

Testosteron (H) – der Testosteronspiegel, soziale Dominanz und der Status eines Tieres unterliegen einer Wechselwirkung. Testosteron ist als Sexualhormon wohl jedem bekannt. Obwohl auch Hündinnen Testosteron produzieren, ist es besonders am Aussehen des Rüden beteiligt: er ist muskulöser. Ein höherer Testosteronspiegel mindert Furcht und Empathie, erhöht die Risikobereitschaft, die Sensationslüsternheit, die Impulsivität und die Aggressivität.

Adrenalin (auch Epinephrin; H & NT) – ist vermutlich das bekannteste Hormon neben Testosteron. Seine Wirkung ist vielfältig, aber praktisch immer verbunden mit dem Vielzweckverhalten Aggression. Adrenalin ist ein Stresshormon und verursacht eine Herzfrequenzsteigerung, den Anstieg des Blutdrucks und eine Erweiterung der Bronchiolen in der Lunge, damit dem Körper für schnelle Reaktionen mehr Sauerstoff zur Verfügung steht.

Noradrenalin (H & NT) – bereitet den Stoffwechsel auf einen Kampf bzw. auf die Flucht vor. Noradrenalin sorgt für Wachheit und Aufmerksamkeit. Direkt angeschlossen ist Adrenalin, das sich in seiner chemischen Struktur kaum unterscheidet, in seiner Wirkung aber schon.

Cortisol (H) – hat einen moderierenden Einfluss auf die Wirkung von Testosteron und reguliert so auch Aggression, es ist ein Stresshormon. Studien zeigen, dass eine ungünstige Konstellation aus hohem Testosteronspiegel bei niedrigen Cortisolwerten zu einer gesteigerten impulsiv-offenen Aggression führen kann (Montoya et al., 2012). Cortisol hat ein weites Wirkungsspektrum, man kennt es auch aus der Medizin, wo es als Entzündungshemmer und Immunsuppressivum eingesetzt wird.

Serotonin (H & NT) – wirkt modulatorisch, sein Einfluss begrenzt und stabilisiert den Informationsfluss, so dass auf eine veränderte Umwelt angemessen reagiert werden kann. Während ein normaler bis erhöhter Serotoninspiegel dafür sorgt, dass das Gefühl von Ausgeglichenheit und Gelassenheit vorherrscht, verursacht ein niedriger Spiegel, dass ein Hund sich schneller unsicher, ängstlich und bedroht fühlen kann.

Dopamin (NT) – dieser Neurotransmitter gilt nicht nur als »Glückshormon«, er ist es auch der, der Suchtverhalten begünstigt. Dopamin sorgt für eine Antriebssteigerung, motiviert und belohnt. Wird Dopamin ausgeschüttet, entsteht der bekannte Selbstbelohnungseffekt. Darüber hinaus sorgt dieser Neurotransmitter auch für die körperliche Vorbereitung, Durchführung und das Folgen aggressiver Akte. So kann auch ein aggressiver Akt wie ein Kampf intern belohnt werden.

Oxytocin (H & NT) – wird auch das Bindungshormon genannt, weil es eine allgemeine Funktion im Rahmen sozialer Interaktionen hat. Dieses Phänomen ist auch zwischen Hunden und ihren Haltern nachgewiesen und zeigt, dass beide diese Bindung als solche erfahren. Es verringert außerdem den Blutdruck und den Cortisolspiegel und wirkt beruhigend. Es ist sozusagen ein Antistresshormon. Auch wenn es Interpretationsspielräume gibt, verknüpft eine Studie Oxytocin mit defensiver Aggression gegenüber Außenseitern (beim Menschen), weil es da Vorurteile, Fremdenangst und Gewaltbereitschaft Mitgliedern anderer Gruppen gegenüber schüre (De Dreu et al., 2011).

KAPITEL 3

Motivation für Aggressionsverhalten

Mischmotivationen

Es wäre angenehm und einfacher, wenn man behaupten könnte, dass Hunde immer nur eine klar definierte Aggressionsform mit ganz bestimmten Merkmalen zeigen würden. Man könnte eine Liste erstellen, eine Art Bestimmungsschlüssel, der es einem erlaubt, die eine Form auszuschließen und eine andere klar zu identifizieren. Leider ist dem nicht so. Nicht nur zeigen Hunde nicht immer die gleichen Verhaltensweisen, wenn sie von einer bestimmten Motivation getrieben werden – Hunde können auch aus mehr als einem Grund aggressiv reagieren, durch mehrere Faktoren motiviert werden und sehr schnell von einer Aggressionsform in eine andere wechseln. Mischmotivationen, also Motivationen, die verschiedene Ursachen oder Auslöser haben, führen zu einem (aggressiven) Verhalten, das so manches Mal nicht eindeutig zu identifizieren ist, oder es ist eben ganz klar als mischmotiviertes Verhalten zu erkennen.

Wie schon erwähnt, finden sich in der Verhaltensanalyse häufig mehrere Faktoren, die zu einer aggressiven Handlung führen können, und in vielen Fällen ist es gar nicht so leicht herauszufinden, wo die Auslöser eigentlich liegen. Es wäre so einfach, wenn Hunde nur bilderbuchmäßig einzelne klar definierte Aggressionsformen zeigen würden. Oft ist es aber so, dass situativ unterschiedliche Aggressionsformen gemeinsam auftreten können. Auch hier ist eine sichere Differenzierung wichtig.

Ressourcenbedingte Aggression

Jedes Lebewesen ist abhängig von Ressourcen – Ressourcen bestimmen darüber, ob und wo ein Lebewesen überleben kann. Der Raum, der alle Ressourcen bereithält, die eine bestimmte Art benötigt, wird als *ökologische Nische* bezeichnet. Ressourcen sind vielfältig, die wichtigen umfassen Nahrung, Raum, Fortpflanzungspartner, Wasser und Licht. Ressourcen sind der limitierende Faktor für die Entwicklung einer Population, und wenn eine oder mehrere Ressourcen begrenzt sind, führt das automatisch zu Konkurrenz – nicht nur zu innerartlicher, sondern auch zu zwischenartlicher (siehe »Intra- und Interspezifische Aggression«, Seite 59). Die Art und Weise, wie Lebewesen sich organisieren, um möglichst erfolgreich zu überleben, bestimmt, wie sie sich Artgenossen und Eindringlingen gegenüber verhalten: Wölfe und damit Hunde leben in sozialen Gruppen und Familien. Der Gruppenzusammenhalt ermöglicht es ihnen einerseits, über das Vermögen eines Individuums hinaus Ressourcen gegen andere zu verteidigen, andererseits schafft diese Organisation Konkurrenz auf der Ebene der Gruppe. Jedes Individuum muss also auch innerhalb der Gruppe zusehen, dass es Zugang zu allen notwendigen Ressourcen hat – zur Erhaltung des eigenen Lebens mit so vielen Freiheiten wie möglich. Hunde und Wölfe organisieren sich in Rangabfolgen – je höher der Rang eines Tieres ist, desto mehr Freiheiten genießt es.

Obwohl bei freilebenden Wölfen der Großteil allen aggressiven Verhaltens, das als Regulativ in der sozialen Gemeinschaft genutzt wird, aus Einschüchterungs- und Drohgebärden besteht, beträgt laut Mech et al. (1998) der Anteil der durch intraspezifische Kämpfe verursachten Todesfälle bei ausgewachsenen Wölfen 35 bis 65 %. Dass der Anteil so hoch ist, zeigt, wie essenziell die Kosten-Nutzen-Rechnung aggressiven Verhaltens für Wildtiere ist. Unsere Hunde haben normalerweise Zugang zu tiermedizinischer Hilfe – bewusst ist ihnen das aber nicht. Auch sie orientieren sich an den vorhandenen Ressourcen, verteidigen sie und vermeiden dennoch, wo immer das möglich ist, tatsächliche physische Attacken, die nicht nur das Gegenüber gefährden, sondern auch den Angreifer.

Betrachtet man die aufgezählten Kategorien, so stellt man fest, dass sich viele der folgenden Aggressionsformen mit der ressourcenbedingten vermischen oder Teile davon sind. Statusbezogene, territoriale und sexuelle Aggression sind Teilbereiche, deren Motivation im ersten Moment unabhängig erscheint, aber letztendlich Teil der Natur des Hundes ist. Im Rahmen der Hundehaltung beschränkt man deswegen die ressourcenbezogene Aggression auf jene Dinge, die – heutzutage – das Leben eines Hundes schön machen, also Futter, Spielzeug, aber auch besonders bequeme oder strategisch günstig gelegene Plätze, wie die immer wieder diskutierte Couch. Weil die ressourcenbedingte Aggression gleichzeitig eng mit der statusbedingten verwoben ist, unsere Hunde heute aber nur noch selten um das blanke Überleben kämpfen müssen, können sich Vermischungen ergeben, die dann extreme Formen annehmen: Hunde, die ihr

Erbrochenes verteidigen, Socken, benutzte Papiertaschentücher oder, wenn sich sonst nichts ergibt, einen auffällig gefärbten, aber kaum noch wahrzunehmenden Fussel. Ressourcen können also auf einer biologischen Ebene wichtig sein – sie können aber auch ein kommunikatives Mittel sein, das im Rahmen eines sozialen Konfliktes genutzt wird.

Gerade »Auslandshunde« – aber bei weitem nicht nur diese – neigen häufig dazu, Ressourcen in Form von Fressbarem zu verteidigen. Sie bringen die Erfahrung begrenzter Ressourcen aus ihren Heimatländern oder ihrem vorherigen Leben oft mit und haben noch nicht gelernt, dass bestimmte Einschränkungen nicht unmittelbar lebensbedrohlich sind. Während sie sich in ihrer neuen Umgebung orientieren, werden sie bedingt durch ihre Vorgeschichte anfangs versuchen, sich so viele Freiräume wie möglich zu sichern. Nach den subjektiven Erfahrungen der Autoren neigen osteuropäische Hunde eher, aber keineswegs immer, zu ressourcenbedingter Aggression als Hunde aus eher südeuropäischen Ländern.

Wird ein solcher Hund vermittelt, stellt sich die Situation in der neuen Lebensumgebung möglicherweise anders dar. Zum einen möchte der Besitzer seinem neuen Hund etwas Gutes tun, und so sind die zur Verfügung stehenden Ressourcen häufig wertvoller als die, die in der Vergangenheit des Hundes zur Verfügung standen. Zum anderen verursacht das empfundene Überangebot an Raum und Ressourcen eine Fehlinterpretation des eigenen Status – neben der ressourcenbedingten Aggression geht so gegebenenfalls noch eine statusbedingte einher. Dass ein Hund aus dem Ausland kommt, ist allerdings kein Bestimmungsmerkmal für ressourcenbedingtes Aggressionsverhalten – auch Hunde, die nie einen Mangel erfahren haben und in den hiesigen Breiten geboren wurden und aufgewachsen sind, können gleich gravierendes Verhalten zeigen.

Verhaltensbild ressourcenbedingter Aggression

Typisch für eine ressourcenbedingte Aggression ist das Fixieren eines Futterstücks, eines Spielzeugs oder eines Körbchens mit direkter Präsenz des verteidigenden Hundes. Der Hund wird normalerweise bei dem Objekt der Begierde sein – nähert sich ein Mensch oder ein anderer Hund, versteift er sich, fixiert das Objekt oder starrt knapp daran vorbei und beginnt, überdeutlich zu drohen, indem er knurrt, die Zähne fletscht und dabei die Augen aufreißt. Je nach Motivation kann der verteidigende Hund offensiv-, aber auch defensiv-aggressiv wirken. Die Vorderpfoten werden auf oder an das Objekt gelegt. Fühlt sich der Hund nicht beobachtet, entfernt er sich möglicherweise etwas von dem Gegenstand, ohne ihn jedoch aus dem Blick zu lassen oder seine Aufmerksamkeit davon zu nehmen. Eine Bewegung in die entsprechende Richtung kann dazu führen, dass der Hund sofort wieder zu dem Objekt zurückschießt, um es erneut zu verteidigen. Nähert sich der Mensch oder der andere Hund dennoch weiter, kann der Hund in einer Scheinattacke nach vorn schnellen oder – wenn er das Objekt nicht verlassen möchte – vor Ort abschnappen oder beschädigend zubeißen.

Es gibt außerdem die ganz leisen Hunde, vom Typ her sind sie eher selbstsicher. Ihnen geht es um Ressourcen, die sie aber statusbedingt aggressiv verteidigen. Im Grunde handelt es sich bei dieser Variante also streng genommen um einen statusbedingten Konflikt, der aber über Ressourcen ausgetragen wird. Gerade diese Variante führt häufig zu heftigen Attacken seitens des Hundes. Die Hunde wirken schläfrig. Sie halten oft sogar Abstand zum Objekt und zeigen wenig Interesse daran. Bei der Annäherung durch den Kontrahenten wird ein Ohr angehoben, manchmal folgt ein Blick zum Objekt und wechselt von dort zu dem sich nähernden Individuum, um dann die Augen wieder fast zu schließen. Selten hebt sich der ganze Kopf, manchmal kommt ein verhaltenes tiefes Brummen. Wenn diese

Anzeichen durch den Kontrahenten ignoriert werden, bewegt er sich zunächst behäbig und langsam, manchmal weiter knurrend, auf das Objekt zu. Je nachdem, wie das Gegenüber reagiert, legt er sich wieder hin oder er geht auf das Objekt zu, nun meist mit offensiven Drohgesten. Weicht das Gegenüber, bremst er sofort, weicht es nicht, kann es zu blitzschnellen Reaktionen kommen. Das sind die Situationen, in denen Halter im Nachhinein oft berichten, der Hund habe aus dem Nichts heraus gebissen. Feine Signale wie Blicke, ein stilles Lefzenheben oder ein kurzes Steifwerden werden gar nicht wahrgenommen – möglicherweise sogar, weil in diesem Moment niemand auf den Hund geachtet hat.

Ob und wie heftig ein Hund eine Ressource verteidigt, hängt von verschiedenen Aspekten ab: Der Wert der Ressource selbst hat darauf einen Einfluss, genauso wie das Gegenüber, gegen das die Ressource verteidigt wird, und der Status des Hundes (und sein Charakter, seine Rasseeigenschaften und weitere Merkmale, wie das Geschlecht, der Gesundheitsstatus und das Alter beispielsweise), der sie verteidigt. Hunde mit höherem Status verteidigen meist ruhiger und leiser oder weniger heftig eine Ressource, als das bei rangniedrigeren Tieren, die schneller, lauter, heftiger reagieren, der Fall ist – in dieser Position gibt es vermutlich mehr zu verlieren und mehr zu gewinnen. Obwohl die ressourcenbedingte Aggression oft mit statusbedingter einhergeht, kann man diese Formen sehr gut an der Körpersprache voneinander unterscheiden. Statusbedingte Ressourcenkontrolle zeigt sich meist offensiv, wogegen reine Ressourcenverteidigung meist mischmotiviert oder defensiv gezeigt wird. Gerade bei Welpen und jungen Hunden ist es sinnvoll, eine aufkommende Aggression um eine Ressource als Anlass zu nehmen, diesen Konflikt für sich zu entscheiden. Es ist besser, das früh zu tun, als wenn sich so ein Verhalten erst einmal gefestigt hat und gefährlich wird.

Statusbedingte Aggression

Immer wieder wird diskutiert, ob Hunde im Sozialverband Ränge haben. Biologisch betrachtet ist es sinnvoll, wenn Tiere mit einer entsprechenden Gesundheit, der auf dem Alter beruhenden Erfahrung und der mentalen Stärke, also einem ausgeglichenen Nervenkostüm, in einem Sozialverband als Orientierung für andere Mitglieder dienen. Man erkennt an einigen der Eigenschaften, die den Rang eines Tieres ausmachen, dass sie nicht im Individuum fixiert sind, sondern veränderlich: die Gesundheit, auch im Sinn der körperlichen Stärke, die Fortpflanzungsfähigkeit mit dem Alter, ebenso die Lebenserfahrung. Sozialverbände sind Dynamiken unterworfen, besonders Tiere eines niedrigeren Ranges werden versuchen, ihren Status im Verband zu verbessern, denn mit ihm ändern sich auch die Freiheiten des Individuums: Gegebenenfalls hat der Hund größere Chancen, einen Partner für die Fortpflanzung zu finden, länger an der Futterquelle bleiben zu dürfen, was wiederum Stärke und Gesundheit verbessern kann. Es kann sich also lohnen, durch aggressives Verhalten zu versuchen, den eigenen Rang zu verbessern. Für einen gut funktionierenden Sozialverband ist es unumgänglich, hierarchische Strukturen einzuhalten. Demokratische Endlosdiskussionen wären bei grundlegenden und möglicherweise lebensrettenden Entscheidungen nicht zielführend. Wenn der, der einen klaren Kopf behält, mit schnellem Entschluss bei Bedrohung einen Fluchtweg für die Gruppe vorgibt, ist das erfolgsversprechender als abzuwarten, bis alle Möglichkeiten im Detail ausdiskutiert wurden.

Besonders mental starke Hunde, die gegebenenfalls in ihrem eigenen Sozialverband ranghoch sind, besitzen die hierarchische Freiheit, bei einer Ressource großzügig zu reagieren und sie eher abzugeben und nicht darauf bestehen zu müssen. Auch in Fällen der statusbedingten Aggression spielen Ressourcen häufig eine Rolle, allerdings weniger als etwas, das es zu verteidigen gilt, sondern eher als Mittel, um einen Konflikt auszulösen. Vereinfacht kann man sagen, dass der ressourcenbedingt aggressive Hund etwas nicht hergeben möchte, während der statusbedingt aggressive Hund in Frage stellt, ob sein Gegenüber ihm etwas abnehmen darf oder nicht. Während ein Infragestellen keinesfalls negativ zu verstehen ist, kann aggressives Verhalten in diesem Rahmen sehr gefährlich werden.

Verhaltensbild der statusbedingten Aggression

Dementsprechend stellt sich der statusbedingt aggressive Hund offensiv und raumeinnehmend dar und richtet sein Verhalten vorzugsweise gegen seine eigenen Bezugspersonen und/oder gegen Handlungen, die ihm nicht passen. Der Körper ist aufrecht, aber nicht unbedingt steif, der Kopf ist hoch erhoben, die Rute wird hoch getragen. Der Hund wird seinen Blick direkt einsetzen, die Ohren sind nach vorn gerichtet – alles ist auf das Gegenüber ausgerichtet. Gegebenenfalls wird der Hund sich auch distanzlos benehmen, wobei sein Ziel sein wird, zu bestimmen, wie und wo sich sein Gegenüber bewegt oder eben nicht. Eine häufige Form dieser Art der Aggression ist ein Hund, der seinen Besitzer anknurrt, wenn der ihn beispielsweise vom Sofa runterschicken möchte. Das Sofa ist in dem Fall nicht als auslösende Ressource zu verstehen, vielmehr geht es in dem Konflikt darum, ob der Halter nach Empfinden des Hundes das Recht hat, ihn von dem Liegeplatz wegschicken zu dürfen – oder, auch das kann das Thema des Konfliktes sein, wer das Recht hat, diesen Platz einnehmen zu dürfen. Selbiges kann auch bei Futter, Spielsachen, Liegeplätzen oder irgendwelchen im Grunde völlig unwichtigen Gegenständen der Fall sein. Das Bestimmen über eine Ressource wird zu einem stellvertretenden Konflikt, der seinen Bezug eigentlich zum Status im Sozialverband hat.

Das Problem mit der Aggression beginnt nicht erst beim Zeigen der Zähne. Besonders die Bestimmung des Rahmens, in dem man sich bewegen darf, kann mitunter so subtil passieren, dass es der Halter gar nicht mitbekommt. Der Hund stellt sich möglicherweise auf die Füße des Halters, legt sich vor oder neben ihn – aus reiner Gewohnheit wird sich der Halter dann nicht auf den Hund zu-, sondern von ihm wegbewegen. Der Hund liegt gern mitten im Raum, wo er alle anderen Bewegungen gut kontrollieren kann. Er liegt gern an der Haustür, wo er das Hereinkommen und Verlassen kontrolliert, er liegt gern auf erhöhten Plätzen, weil er von dort aus das Geschehen gut beobachten kann. Prinzipiell liegt er aber immer im Weg und alle laufen um ihn herum. Erst wenn der Halter aktiv beginnt, die Position des Hundes in Frage zu stellen, ihn zu blockieren oder ihm den Zugang zu einem Ort zu verwehren und seine Bewegungsmöglichkeiten einzuschränken, kommt es zu einem statusbedingten Konflikt, in dem der Hund auch aggressives Verhalten zeigen kann.

Zu betonen ist, dass selbstverständlich nicht alle Hunde versuchen, über solche Verhaltensweisen ihren Status aufzuwerten. Den meisten Hunden ist es glücklicherweise völlig egal, solange das Futter pünktlich kommt und sie zufrieden mit der Gesamtsituation sind. Erwähnenswert sind diese Situationen, wenn sie dem Hund eben nicht egal sind. Zeigt ein Hund dem Besitzer gegenüber häufig räumliche Einschränkungen und der Sozialverband hat sonst keinerlei Probleme, kann man gern laut und herzhaft über diese Dreistigkeiten lachen. Nur wenn der Hund beginnt, über räumliche Beschränkungen und Ressourcenkontrolle mit aggressiveren Mitteln Einfluss zu nehmen, muss daran gearbeitet werden, Abläufe und Regeln zu verändern.

Die statusbedingte Aggression ist im Tierheimumfeld oft sehr schwer zu identifizieren. Selbst wenn die Hunde in Gruppen gehalten werden, leben sie dort oft in großer Dichte (also viele Hunde auf relativ wenig

Raum), während idealerweise häufig Einzeltiere die Gruppe verlassen, weil sie einen neuen Besitzer gefunden haben, und neue hinzukommen, die abgegeben wurden. Ein Sozialverband, in dem sich ein Hund darstellen kann, einen Rang innehat und seinen Status klären kann, entsteht unter diesen Voraussetzungen eher nicht. Hin und wieder geschieht es, dass Vorbesitzer, die einen Hund aufgrund eines statusbedingten Beißvorfalls abgegeben haben, sich im Nachhinein noch vorwerfen lassen müssen, der Vorfall sei nur eine Ausrede gewesen, weil sich der Hund im Tierheim vollkommen friedlich verhält. Zieht ebendieser Hund dann erneut in eine Familie ein, ist das Risiko groß, dass er dieses Verhalten, mitsamt des gefährlichen Beißens, genau so wieder zeigt.

Sozial motivierte Aggression

Der Hund ist deswegen ein so bemerkenswertes Haustier, weil er in seiner Domestikation so tiefgreifend verändert wurde, dass er Menschen differenziert als Sozialpartner annehmen kann. Welpen wachsen nicht nur mit ihrer natürlichen Mutter heran, sondern haben im Idealfall auch durchgehend Kontakt zu Menschen. Sie werden im Haus geboren, nehmen ihre Gerüche wahr, ihre Geräusche – sie beobachten ihre Mutter beim Kontakt mit dem Halter, Familienmitgliedern, Gästen und Welpeninteressenten. Am Ende eines solchen Sozialisierungsprozesses steht natürlich das Ziel, einen Hund heranzuziehen, der sich am Menschen orientiert und sich von ihm kontrollieren lässt. Das soziale Miteinander bietet allerdings auch Raum für Aggressionen, in denen der Mensch dann eine besondere Rolle einnimmt. Wenn es um Status geht, richtet sich die Aggression gegen einen »Konkurrenten« im Sozialverband. Ressourcen spielen in diesem Kontext keine Rolle, wobei es Fälle gibt, in denen der Halter mehr als Ressource denn als Sozialpartner wahrgenommen wird. Bei der sozial motivierten Aggression agiert die Bezugsperson als Partner und das aggressive Verhalten wird vom Hund als gemeinsames Erlebnis wahrgenommen. Der soziale Aspekt ist die Motivation, die der Hund sich von seinem Menschen holt – egal, ob gewollt oder nicht.

Dass diese Koalition meistens unfreiwillig ist, weiß jeder, der einen leinenaggressiven Hund sein Eigen nennt. Im Fall der Konfrontation interpretiert der Hund die Signale seines Menschen (oder weiterer Hunde aus seinem Sozialverband) als Motivator. Der Hund wird zum »Söldner«, zu einem Soldaten, bezahlt durch sozialen Rückhalt, während die verzweifelten Versuche seines Besitzers, ihn irgendwie zu bändigen, zum »Auftrag« werden. Es gibt Hunde, die dieses Verhalten nur in Verbindung mit ihren Bezugspersonen zeigen, aber auch solche, die sich auch durch fremde Menschen auslösen lassen. Problematisch mit Blick auf das Training ist vor allem die innere Haltung des Hundehalters, die dazu führen kann, dass Hundebegegnungen zur selbsterfüllenden Prophezeiung werden. Gerade wenn sich das Verhalten des Hundes in Bezug auf eine Person manifestiert hat, ist es häufig mit Selbstzweifeln, Enttäuschung und auch sehr viel Frust auf Seiten des Menschen verbunden. Die Reaktionen der Umwelt auf den vor sich hin tobenden Hund trägt ihr Übriges dazu bei, dass der Mensch schon von vornherein mit einer gewissen Anspannung in die Situationen geht, die wiederum den Hund auslöst.

Eine Stimmungsänderung bei dem Halter zu erreichen, gleicht mitunter dem Versuch, ihm zu sagen, dass er nicht an einen rosa Elefanten denken soll. In dem Moment, wo man durch ein Gespräch Bilder und Erinnerungen abfragt, die das Gegenüber kennt, ruft das Gehirn automatisch die dazu bekannten Gedanken, Befürchtungen und Emotionen ab. Was eigentlich ein ganz natürlicher und sinnvoller Selbstschutz ist, macht es hier schwierig, eine Änderung der inneren Einstellung zu initiieren.

Zeigen Hunde eine sozial motivierte Aggression gegen Menschen, wird diese auch gern einmal als »Beschützerinstinkt« bezeichnet und geschildert, dass der Hund seinen Besitzer nur verteidigen wolle. Die Abgrenzung zur ressourcenbedingten Aggression findet in dem Fall dadurch statt, dass man den Menschen gemeinhin nicht als Ressource bezeichnet. Sozial motivierte Aggression geht aber auch andersherum: Es gibt Hunde, die man in diese Aggressionsform streicheln kann. Nähert sich ein anderer Hund oder ein Mensch, wird das Streicheln als Ansporn gesehen, das Gegenüber auf Distanz zu halten. Gerade wenn so etwas innerhalb der Familie passiert, kann das zu schwierigen Situationen führen, in denen sich der Ehepartner nicht mehr nähern darf. Oftmals wurde die Gesamtlage dadurch verschlimmert, dass das Verhalten des Hundes anfangs als »lustig« empfunden oder als Ängstlichkeit interpretiert wurde und der Hund weitere Bestätigung durch Streicheln, Trösten oder Lachen erhielt. Später, wenn der Hund schon recht ernsthaft agiert, kippt die Stimmungslage seitens der Halter, während der Hund weiterhin das gemeinsame Erlebnis wahrnimmt.

Ein guter Indikator, um zu erkennen, ob es sich bei der Aggression um eine sozial motivierte handelt, ist der folgende Versuch: Der Besitzer bindet seinen Hund an einem Baum oder Zaunpfahl an und bleibt neben seinem Vierbeiner stehen. Sobald der Auslöser (häufig ein anderer Hund) erscheint und der Hund das aggressive Verhalten zeigt, verlässt der Hundehalter schlagartig das Areal vom auslösenden Reiz weg. Oft lässt sich beobachten, dass die Orientierung des Hundes weg vom Auslöser und hin zum Besitzer umschwenkt und der Auslöser plötzlich an Priorität verliert. Manchmal schimpfen die so allein gelassenen Hunde ihren Menschen sogar regelrecht hinterher.

Sozial motivierte Aggression wird natürlich auch im Zusammenleben mit anderen Hunden gezeigt. Der sonst so verträgliche Hund, dem ein Artgenosse dazugesellt wird, zeigt plötzlich unerklärliche

Unverträglichkeiten mit anderen Hunden. Werden die Hunde getrennt ausgeführt, zeigt er dieses Verhalten nicht. Auch das Bellen am Zaun kann durch einen neuen Artgenossen auftreten, selbst wenn der erste Hund dieses Verhalten vorher nicht gezeigt hat. Sozial motivierte Aggression kann deswegen auch als territoriale Aggression fehlinterpretiert werden – kann aber überprüft werden, indem man versucht, die Hunde einzeln auszulösen. Der territorial aggressive wird zuverlässig am Zaun anschlagen, der sozial motivierte nicht, denn er benötigt seinen Sozialpartner, um das Verhalten zu zeigen.

Sexuell motivierte Aggression

Hormone haben einen großen Einfluss auf das Verhalten. Das kennt jeder aus ganz persönlichen Erfahrungen; man muss sich nur an das erste Mal erinnern, als man so richtig verliebt war. Oder, etwas unromantischer, an die allmonatlichen hormonbedingten Gemütsschwankungen vieler Frauen. Man kann bei Hunden – ähnlich wie beim Menschen – keine pauschalen Aussagen darüber treffen, wie sie sich verhalten werden, wenn die Hormone »verrückt spielen«. Es ist jedoch wichtig zu wissen, dass Hündinnen rund um die Läufigkeit sehr aggressiv reagieren können: manche Hündinnen schon kurz davor, manche währenddessen und viele auch nach der Läufigkeit, meist in Verbindung mit Scheinträchtigkeit. Meist gilt die Aggression den Artgenossen, seltener den Menschen oder anderen Tierarten. Hündinnen, die jahrelang friedlich zusammen in einem Haushalt leben, können sich in dieser Zeit heftige Kämpfe liefern und müssen, sofern sich so ein Konflikt abzeichnet, vorsorglich getrennt werden. Während in einigen Fällen eine Kastration eine angemessene Lösung sein kann, suchen andere Hündinnen die Nähe der Partnerin und ziehen unter Umständen sogar Welpen gemeinsam groß. Es kommt auch vor, dass Hündinnen generell keine Freundschaften mit Geschlechtsgenossinnen schließen und damit als unverträglich gelten, auch wenn das seltener vorkommt als allgemein angenommen.

Und dann gibt es da noch die Rüden. Sie neigen zu Imponierverhalten gegenüber gleichgeschlechtlichen Artgenossen, was zwar eine Vorstufe aggressiven Verhaltens ist, aber auch den tatsächlichen Konflikt verhindern soll. Man zeigt, was man hat und was man kann. Aus diesem Säbelrasseln heraus kann es situationsbedingt allerdings auch zu härteren Auseinandersetzungen kommen, wenn sich über reines Imponiergehabe keine Lösung des Konflikts ergibt. Aus dem folgenden Kommentkampf (siehe dazu auch die Seiten 146 ff. und 151 ff.) kann ein Ernstkampf werden, bei dem die zugefügten Verletzungen lebensbedrohlich sind. Dieser Ausgang eines Streits wird sehr häufig so gefürchtet, dass den Hunden schon vorab ein elementarer Teil der Kommunikation genommen wird, indem jegliche Form der Selbstdarstellung, wie imponierendes Scharren oder Markieren, verboten wird. Die Hunde dürfen sich nicht mehr artgemäß verhalten und kommunizieren. Es darf nur noch gespielt werden, auch wenn unsere Hunde irgendwann erwachsen sind, das Spielen in den Hintergrund rückt und keine Funktion in dieser Situation erfüllt. Um dem vorzubeugen, werden Hunde im Allgemeinen und Rüden im Speziellen oft noch unter einem Jahr kastriert, um so diese juvenilen Eigenschaften zu erhalten und dem Hund die Chance zu nehmen, erwachsen zu werden und sich auch wie ein erwachsener Hund zu verhalten und zu kommunizieren.

Hunde leben so eng mit uns zusammen, dass sie die hormonellen Schwankungen auch bei uns Menschen bemerken und manchmal entsprechend reagieren. Es gibt hin und wieder Hunde, die bei Hormonschwankungen bei Frauen, beispielsweise aufgrund von Menstruation oder Schwangerschaft, vermehrt verteidigen und gegebenenfalls sogar nur in dieser Zeit ein gesteigertes Aggressionsverhalten gegenüber Männern oder eben Artgenossen zeigen.

Territoriale Aggression

Das Territorium ist für standorttreue Tiere, die nicht umherziehen, eine wichtige Ressource. Das gilt für viele Raubtiere, die ihre Jagdgründe kennen müssen und gleichzeitig genügend Platz benötigen, um ausreichend Beute zu finden. Wölfe verteidigen ihre Territorien rigoros gegen Eindringlinge, die ihnen die Beute streitig machen können. Aus Freilandstudien weiß man, dass Wolfsrudel ihr Territorium unterteilen und bestimmte Gebiete darin bejagen (siehe Exkurs »Territorium der Wölfe«, Seite 107). Innerhalb der Territorien befinden sich auch ihre Ruheplätze und die Orte, an denen sie ihre Jungen aufziehen. Das Territorium ist eine elementare Ressource, in der neben der Aufzucht der Nachkommen auch die Sozialpartner, also das eigene Rudel, leben und die Nahrung erjagt werden kann. Wen wundert es, dass Territorien wertvoll sind und ihre Verteidigung auch beim Hund noch eine Rolle spielt? Mehr noch: Womöglich war gerade das Verteidigen des eigenen Territoriums ein Initiator für die Domestizierung des Hundes.

Wenn es darum geht, einen Ort zu bewachen, waren Hunde schon immer wertvolle Helfer für den Menschen. Und viele Hunderassen wurden ursprünglich – und werden heute noch – verwendet, um als Hofhund das Zuhause gegen Eindringlinge zu verteidigen oder – im Fall der Hirtenhunde – die Herde gegen Diebe und Beutegreifer. So hat der Hovawart seinen Namen von seiner früheren Aufgabe, er war der »Hofwart«. Tatsächlich ist es noch heute so, dass in Häuser und Wohnungen, in denen ein Hund lebt, seltener eingebrochen wird, weil kein Krimineller wissend so ein Risiko eingeht. Dennoch sind in der heutigen Zeit und in unserem eng bebauten Umfeld diese Hunde streng genommen arbeitslos, auch wenn das nicht bedeutet, dass sie ihr angeborenes Verhalten nicht noch mehr oder weniger ausgeprägt zeigen. Wenn der Hund anschlägt, sobald jemand das Treppenhaus betritt, mag das für die Nachbarn ärgerlich sein, gehört aber zum normalen Hundeverhalten dazu. Dennoch wird der Hund, der vermeintliche Eindringlinge nicht ins Haus lässt, für den Besitzer und sein soziales Leben unangenehm – nicht wenige Freunde und Familienmitglieder werden früher oder später die Besuche einstellen, wenn sie sich immer mit einem wütenden Hund konfrontiert sehen und ein entspanntes Beisammensein nicht möglich ist. Ein Hund wiederum, der einen Eindringling herein-, aber nicht mehr hinauslässt, stellt eine Gefahr für Paketboten und Zeitungsjungen, für Gäste und Passanten dar. Anders als früher, sind Passanten heute aber kein außergewöhnliches Ereignis, das einmal im Monat stattfindet, wenn Wanderer den Hof passieren – sondern sie laufen tagtäglich gegebenenfalls hundertfach am Territorium vorbei.

Während die Vorfahren unserer Hunde, die Wölfe, noch über ein großes und weitestgehend fest definiertes Territorium verfügen, sind die heutigen Hunde deutlich flexibler. Während die einen nur den Hof und die bekannten Wege als ihr Territorium ansehen, zeigen andere dieses Verhalten auch im Auto oder sogar im Café, nachdem man dort einige Zeit mit ihnen verbracht hat. Anders als bei Wölfen lebt die Konkurrenz bei uns direkt in der Nachbarschaft. Mehrere Hunde nutzen dieselben Flächen mit dem Ergebnis, dass sie diese unter Umständen auch für sich beanspruchen, wenn sie Artgenossen begegnen, weil jeder von ihnen dieselbe Fläche als sein Territorium ansieht. Und wie immer gilt das nicht für jeden Hund. Sicherlich gibt es auch solche, die sich über andere Hunde auf ihrem Spazierweg freuen.

Aufgrund der hohen Anpassungsfähigkeit unserer Hunde ist eine klare Abgrenzung zu anderen Aggressionsformen nicht immer ganz einfach. Mischmotiviert zeigen Hunde häufig Territorialverhalten in Verbindung mit sozial motivierter Aggression. Wenn man als Hundetrainer anhand der Schilderungen den Verdacht hegt, dass es sich beim geschilderten Problem um eine territoriale Aggression handeln könnte, sollte man dies bei der Planung des Ersttermins mit dem Kunden unbedingt im Blick behalten (siehe Seite 80, 85).

Verhaltensbild der territorialen Aggression

Territorial aggressive Hund verbellen meist heftig entlang der Grenzen ihres »Eigentums«. Oft schießen sie bellend und manchmal sogar lautlos bis zu der gegebenen Grenze, zum Beispiel zum Gartenzaun, und toben dort regelrecht. Beim Überschreiten von tatsächlichen oder imaginären Grenzen können Scheinangriffe ausgeführt werden, um den Eindringling zu vertreiben – aber Eindringlinge können auch gestellt werden und, falls deren Reaktion als nicht angemessen angesehen wird, tatsächlich angegriffen werden. Was als Angriff zu werten ist, kann ganz unterschiedlich sein. Der Hund bleibt bedrohlich stehen und verwehrt somit das Weitergehen, er kann die Eindringlinge anspringen, in Schuhe, Waden oder Hände beißen. Manche Hunde halten einfach nur fest und warten auf den Sozialpartner Mensch. Andere umkreisen die Eindringlinge bellend, unterbrochen von Scheinangriffen, manche laufen hinterher, oft mit gelegentlichem Versuch, Hosenbeine oder Schuhe zu attackieren.

Zwischen Hunden kann es zu ritualisierten oder ernsten Kämpfen kommen, die erst beendet werden, wenn es der Unterlegene schafft, zu flüchten. Wachhunde stellen und verbellen Eindringlinge meist so lange, bis sie sich nicht mehr bewegen. Kommt man in eine solche Notlage, ist es sinnvoll, den Blick abzuwenden und den Hund nur noch aus dem Augenwinkel zu beobachten – keinesfalls sollte man den Hund anstarren – und ganz langsam rückwärts aus dem Einzugsbereich des Hundes zu weichen. Je nach Hundetyp kann territoriale Aggression defensive oder offensive Erscheinungsbilder oder Mischformen zeigen.

Umgelenkte und umadressierte Aggression

Ein spezieller Fall des aggressiven Verhaltens lässt sich in zwei Varianten aufteilen: die umgelenkte und die umadressierte Aggression. Unter einer Umlenkung versteht man eine Richtungsänderung, die dadurch entsteht, dass ein gerichteter Impuls gegen ein aggressionsauslösendes Objekt oder Subjekt nicht ausgeführt werden kann und noch in dieser Intention ein anderes Objekt oder Subjekt trifft, das gerade in Reichweite ist. Das klingt komplex, lässt sich aber mithilfe von Beispielen erläutern. Anhand der Beispiele wird auch deutlich, wie oft dieser Effekt bei dem einen oder anderen Hund auftritt.

Umgelenkte Aggression kann man gut bei Hundebegegnungen beobachten. Die sich entgegenkommenden Hunde keifen sich an der Leine gegenseitig an und plötzlich beißt einer den eigenen Besitzer oder aber den zweiten Hund aus dem eigenen Sozialverband, der neben ihm läuft und mitbellt. Richtete sich die eigentlich sozial motivierte (und gegebenenfalls territoriale) Aggression zuerst gegen den entgegenkommenden Hund, konnte der Impuls dann aber so nicht umgesetzt werden – die aufgebaute und hormonell unterstützte Energie wird nicht abgebaut und eskaliert umgelenkt gegen die eigenen Sozialpartner. Auch bei Mehrhundehaltern, deren Hunde am Zaun territorial aggressiv agieren, ist diese Aggressionsform öfter zu sehen. Die Hunde toben am Zaun gegen Passanten mit oder ohne

Hund und plötzlich kommt es zu einer Beißerei der Hunde untereinander, weil einer den anderen scheinbar grundlos gebissen hat.

Es ist nicht klar, ob umgelenkte Aggression immer bewusst oder auch im Affekt geschehen kann. Häufig hört man die Erklärung der Hundehalter: »Er konnte nichts dafür, ich bin irgendwie zwischen die Zähne geraten« oder: »Er wollte nicht mich beißen, er hat mich aus Versehen erwischt, eigentlich sollte es den Hund gegenüber treffen.« Einerseits gehen umgelenkte Bisse oft mit einer geringen Frusttoleranz und hoher Impulsivität einher. Andererseits beißen diese Hunde selten in unbelebte Gegenstände (wobei es eben auch das gibt), sondern richten sich gegen die Person, die sie einschränkt oder festhält. Fest steht, dass umgelenkte, aggressive Verhaltensweisen oft eingestellt werden, wenn das Hundetraining sich auf statusbedingte Konflikte konzentriert. Allerdings bestehen die Trainingsansätze in diesem Bereich auch häufig aus Übungen, die die Frustrationstoleranz und Impulskontrolle erhöhen. Weil umgelenkte Aggression ursprünglich als andere Aggressionsform gegen ein Gegenüber gerichtet ist und impulsiv geschieht, lässt sich kein direktes Verhaltensbild beschreiben. Ein wichtiger Indikator ist aber die Richtungsänderung vom ursprünglichen Aggressionsauslöser weg.

Hunde, die umadressiert aggressiv reagieren, nutzen eine Reizlage oder einen Konflikt ganz gezielt dazu, einen für sie schwelenden Konflikt an anderer Stelle auszutragen. Das kann ein Mensch, aber auch ein weiterer Hund sein. Oftmals kommen Menschen genau mit diesem Problem in die Hundeschule: Bei Konflikten an der Leine bekommen sich die eigenen Hunde immer derart in die Wolle, dass an gemeinsame Spaziergänge nicht mehr zu denken ist. Bei einer solchen Problematik ist es wichtig, zunächst die Beziehung der Hunde untereinander und in Verbindung mit dem Menschen zu betrachten und zu beurteilen. Oft sind in der ersten Trainingsphase getrennte Spaziergänge notwendig, um den Einfluss des Menschen auf die Handlungen der Hunde wieder zu erhöhen. Erst wenn mit dem einzelnen Hund entspannte Spaziergänge möglich sind, werden die Hunde kontrolliert wieder gemeinsam geführt. Der Faktor »Spaß« sollte dabei zurückgestellt werden. Die Hunde würden möglicherweise auch eine positiv erscheinende, aber erregende Stimmung nutzen, um in alte Verhaltensmuster zu fallen. Erst wenn die Spaziergänge mit beiden Hunden entspannt verlaufen, kann man vorsichtig mehr Dynamik zulassen.

Angstaggression

Das aggressive Verhalten eines Hundes wird heutzutage in sehr viele Fällen mit Angst begründet. Verhaltensbiologisch beschreibt dieser Begriff eine angeborene, diffuse Reaktion auf einen Auslöser. Ein Hund muss kein Feuer kennen, um bei einem Brand zu flüchten. Das Gefühl der Bedrohung ist biologisch tief verankert und der Hund wird das Weite suchen, obwohl die Hitzeentwicklung und der Rauch noch kein bedrohliches Ausmaß angenommen haben. Bei einem schweren Seebeben im Jahr 2004 überlebten die Bewohner einer Insel nur deshalb die Flutwellen, weil die Tiere auf der Insel in höhere Lagen flüchteten und die Bewohner es ihnen gleichtaten.

Um Angst zu diagnostizieren, sollten bestimmte Symptome identifizierbar sein. Angst geht einher mit einer Handlungsunfähigkeit und einer starken Fokussierung (dabei kann jedes Sinnessystem angesprochen werden: optische, olfaktorische oder akustische Reize) auf den angstauslösenden Reiz. Ebenso können andere Handlungen nicht mehr durchgeführt werden: Nahrungsaufnahme, Kommunikation oder Sozialkontakte beispielsweise (Gansloßer & Strodtbeck,

2012). Findet man diese Symptome nicht oder nicht stark ausgeprägt, würde man eher den Begriff der »Furcht« verwenden, die im Gegensatz zur Angst anhand von negativen Erfahrungen oder Fehlverknüpfungen erlernt wird. Der unsichere, sich fürchtende Hund wiederum verhält sich ambivalent, das heißt, er ist noch in der Lage, sich mit dem Auslöser auseinanderzusetzen. Leidet das Tier unter einer Phobie, dann handelt es sich um eine rational nicht erklärbare übersteigerte Angstreaktion vor einem eigentlich nicht bedrohlichen Auslöser.

Doch was ist denn nun überhaupt Angstaggression, wie und wann zeigt sie sich? Ein Individuum hat bei echter Angst verschiedene Möglichkeiten zu reagieren. Sicher kommt es auf die Situation und das angstauslösende Objekt an. Ein Lösungsweg wäre zu flüchten, geht das nicht, kommt es oft zu einer »Schockstarre« und das Lebewesen ist nicht mehr in der Lage zu reagieren. Ist der Hund eher unsicher und verhält sich ambivalent, kann er versuchen, mit Übersprungshandlungen oder freundlicher Kontaktaufnahme die Situation zu entschärfen. Oder aber er wehrt sich mit allen zur Verfügung stehenden Mitteln und kämpft dabei um sein Leben. Ein Hund beißt wild schreiend um sich und hackt in alles, was ihm zu nahe kommt, auf die Gefahr hin, dabei selbst verletzt zu werden. Körpersprachlich sitzt er bildlich mit dem Rücken zur Wand, klein, rund, mit angelegten Ohren, eingeklemmter Rute, möglicherweise urinierend oder kotend. Die Augen sind weit aufgerissen, das Maul weit geöffnet, alle Zähne sichtbar. Er ist in dieser Notsituation nicht in der Lage, strategisch zu denken oder zu reagieren. Die Bisse sind nicht zielgerichtet, sondern abwehrend heftig und multipel.

Die Tatsache, dass der Hund (und auch der Mensch) in einer solchen Situation um sein Leben kämpft, ist mit Blick auf den Selbstschutz von enormer Bedeutung, weil er mit allen ihm zur Verfügung stehenden Mitteln und der größtmöglichen Heftigkeit vorgehen wird.

Es gibt jedoch auch die Variante, dass der Hund aufgrund negativer Erfahrungen gelernt hat, sich aggressiv zu verteidigen. Sicher war Furcht beim Erlernen einer solchen Reaktion ein wichtiger Faktor. Auslöser für ein solches Aggressionsverhalten ist nun aber nicht mehr die Furcht, denn der Hund weiß, was kommt, und kann entsprechend reagieren. Die Körpersprache kann in diesem Fall sehr offensiv drohend aussehen. Die Ohren stehen nach vorn gerichtet, der Blick ist hart und deutlich drohend, der Körper kann defensiv, also klein und rund oder auch aufgerichtet sein. Also gern widersprüchlich in der Aussage. Der abwehrende Biss ist teilweise zielgerichtet und genau platziert.

Hier von Angstaggression zu sprechen, ist irreführend. Die Arbeit mit einem wirklichen Angsthund, wie oben beschrieben, sieht anders aus als mit einem Hund, der möglicherweise irgendwann aus Furcht gelernt hat, dass Angriff die bessere Verteidigung ist. Die aktuelle Motivation ist aber nicht mehr die Furcht, sondern Verteidigung. Es ist daher außerordentlich wichtig, die Körpersprache des Hundes genau zu beachten. Ein Hund, der noch handlungsfähig ist, ist auch lernfähig.

Leider wird in der heutigen Hundewelt fast jegliches Fehlverhalten eines Hundes mit Angst erklärt, und leider ist der therapeutische Ansatz dann aber ein völlig anderer. Ein Hund, der deutlich – nicht hysterisch! – droht und/oder imponiert, hat keine Angst im wissenschaftlichen Sinn. Er bleibt ansprechbar. Lerntheoretisch können bei ihm alle Verstärker eingesetzt werden. Im Gegenteil, kontextbezogen sollten bei einem solchen Tier alle lerntheoretischen Möglichkeiten ausgeschöpft werden. Der Hund muss lernen, dass Aggressionsverhalten zukünftig nicht mehr zielführend ist. Wichtig ist, dass ihm ein Alternativverhalten angeboten wird. Hier kann manchmal sogar Flooding (siehe Seite 93) oder auch negative Belohnung das erfolgreiche Mittel der Wahl sein, solange der Hund ansprechbar und dadurch lernfähig ist. Ganz anders wäre es selbstverständlich bei einem Hund, der panisch um sein Leben kämpfend um sich beißt und überhaupt nicht mehr auf Ansprache reagiert. Das Flooding ist als therapeutische Methode der Psychotherapie entlehnt und ist eine Konfrontationstherapie, bei der – in diesem Fall – der Hund dem angstauslösenden Reiz so lange ausgesetzt wird, bis die Angst nachlässt und eine neue Erfahrung mit der Situation verbunden werden kann. Anders als bei Menschen, die man auf diesen Ansatz vorbereiten kann, ist es unmöglich, das bei einem Hund zu tun. Die Reaktionen können extrem sein und sollten erfahrenen Hundetrainern überlassen werden.

Man muss sich bei der Arbeit in dem Stadium bewegen, in dem der Hund noch reagieren und lernen kann. Das heißt nicht unbedingt, dass das noch das Wohlfühlstadium des Hundes ist. Es wäre unfair, durchgehend zu versuchen, in diesem Bereich mit dem Hund zu arbeiten, weil er freiwillig kaum den Bereich des sich Wohlfühlens verlässt. Erfolge mit ausschließlich positiver Belohnung wären zwar machbar, doch viel zu langwierig auf das kurze Leben eines Hundes hin gesehen. Das heißt, wenn ein Hund ängstliches Verhalten gegenüber Menschen und deutliches Drohverhalten bei Annäherung zeigt, kann es Monate dauern, bis er den Menschen in seine Nähe lässt oder Futter aus der Hand nimmt, wenn man darauf wartet. Wie sieht aber während dieser Zeit das Leben dieses Hundes aus? Meist isoliert, zumindest geräuschempfindlich und zurückgezogen vegetiert er in Erwartung des gruselig wirkenden, ankommenden Menschen vierundzwanzig Stunden in dieser furchteinflößenden Situation. Selbst wenn er in ein paar Monaten dann das Futter nimmt, sind wir noch nicht bei Berührungen, beim Halsband-und-Geschirr-Anlegen, Anleinen, Die-vertraute-Umgebung-Verlassen oder bei einer gewissen lebenswerten Normalität. Kein Phobiker würde wegen guter Worte oder leckerem Essen seinen sicheren »Raum« freiwillig verlassen. Es ist eine Illusion, das anzunehmen. Gespräche mit Menschen, die diverse Angsttherapien durchlaufen haben, bestätigen dies. Es ist ein Entlanghangeln an der Zumutbarkeit, bei der Pausen an der richtigen Stelle maßgeblich sind. Ganz wichtig dabei ist eine soziale Unterstützung, entweder eines anderen sicheren Hundes oder aber auch des eigentlich angstmachenden Menschen.

Erlernte Aggression

Eine sehr häufige Aggressionsform ist die erlernte Aggression. Bei Schutzhunden wird diese Aggressionsform beispielsweise bei der Polizei gezielt trainiert und eingesetzt. Der Hund braucht gewisse Auslöser und Abläufe, um dann ohne eigentlichen Grund Aggressionsverhalten zu zeigen. Diese werden beispielweise bei Demonstrationen oder in Stadien eingesetzt. Trägt der Hund einen bestimmten Maulkorb oder zeigt der Hundeführer ein bestimmtes Verhalten, geht der Hund bei sich nähernden Personen nach vorn und attackiert. Beißt der Diensthund »zivil« zu, wie es im Fachjargon heißt, beißen sie ungeschützte Menschen – in vielen Fällen übrigens nicht gern, wie Ausbilder immer wieder bestätigen. In anderen Situationen zeigen die Hunde oft freundliches oder sogar nettes und distanzloses Verhalten.

Zur erlernten Aggression kann man aber auch jene Verhaltensweisen zählen, die im Sportbereich gefördert werden. Prinzipiell ist nichts dagegen einzuwenden, einen Hund auszulasten – oder auch für gemeinsame Aktivitäten auf dem Hundesportplatz zu verwenden. Zu Hundesportarten wie IPO (Internationale Prüfungsordnung, ein Sport, ursprünglich für Gebrauchshunde konzipiert) und Ringsport gehören neben dem Schutzdienst auch und zuerst der Gehorsam, das Fährten, die Gegenstandsidentifikation und das Apportieren. Richtig aufgebaut und auf das Wesen des Hundes Rücksicht genommen, ist gegen diese Aktivitäten genauso wenig einzuwenden wie gegen die in diesen Sportarten enthaltene Abteilung »Schutz«. Dabei werden die Hunde normalerweise ausschließlich auf den Beißarm, ein Trainingsgerät, das ein speziell ausgebildeter Helfer um den Arm trägt, oder auf den Schutzanzug konditioniert. Der Mensch an sich ist für diese Hunde nicht relevant – der Auslöser für ihr aggressives Verhalten ist nur das Gerät an sich oder die Kombination aus beidem. Kritisch sollte man allerdings den Wettbewerbsgedanken sehen, der im Übrigen immer nur den Menschen und nicht den Hund erfasst.

Der Ausbildungsprozess dieser Hundesportarten ist nicht ganz ungefährlich. Die Ausbildung ist auch immer davon abhängig, dass der Halter das Verhalten seines Hundes richtig einschätzen kann und der Hundetrainer oder Übungsleiter ihn richtig anleitet. Als kritisch kann man den Usus betrachten, bei bestimmten Rassen schon bei Welpen von wenigen Wochen den sogenannten Beutetrieb mit einem Hetzleder und anderen Übungsutensilien zu fördern – und als Belohnung Bälle zu werfen. Die Hunde werden so schon von klein auf über Bewegungsreize trainiert, und das kann im Fall des Falles ein schwer zu kontrollierendes Verhalten fördern, das den Alltag mit so einem Hund angespannt und anstrengend gestaltet.

Bei unseren Familienhunden passieren solche erlernten Abläufe ungewollt und meist unbewusst. Lebte im Haus mit der Nummer 4 ein bellender Hund, an dem man kaum vorbeikam, weil der eigene Hund schon bei Hausnummer 2 unruhig wurde und ebenfalls bellte, so wird der eigene Hund auch nach Ableben des ursächlichen Hundes vermutlich bei Hausnummer 2 noch lange Zeit unruhig werden und bei Hausnummer 4 bellen, ebenfalls ohne Sinn und Verstand. Hatte das Bellen anfangs noch einen kommunikativen Zweck, hat es sich im Lauf der Zeit verselbstständigt und ist als erlerntes Verhalten, das bestimmte Auslöser benötigt (hier die Umgebung des Hauses mit der Hausnummer 4), aber mehr auch nicht.

Ansprechen sollte man noch die Problematik der Gruppendynamik. Bei der Mehrhundehaltung, in Hundepensionen oder Tierheimen mit Gruppenhaltung sowie auf Hundespielwiesen kommt es immer wieder vor, dass aus einem harmlosen Rennspiel plötzlich eine Jagd wird, an der, bedingt durch die Dynamik, mehr Hunde teilnehmen als die ursprünglichen zwei Hunde, die das Rennspiel ausführten. Man sollte unterscheiden können, was noch Spiel ist und wann das Spiel kippt. Denn die Endhandlung der Hunde nach dem Fang des vermeintlichen Häschens, die im Spiel nicht stattfinden würde, ist in der Gruppendynamik offen und hoch gefährlich. Solche Gruppendynamiken können auch bei harmlosen Raufereien entstehen, die ganz schnell zu Massenschlägereien werden können. Es ist wichtig zu wissen, dass so etwas entstehen kann, welche Motivation hingegen bei jedem einzelnen beteiligten Hund dahintersteckt, ist reine Mutmaßung. Manchmal machen Hunde mit, weil es Spaß macht, Dampf abzulassen, mal nutzen sie die unübersichtliche Situation, um bei einem alten Kontrahenten richtig enthemmt draufzuhauen, oder ein Hund macht einfach nur mit, weil es die anderen auch tun. Solche Dynamiken kennt man auch von menschlichen Ansammlungen, meist unter (jungen) Männern, die sich regelrechte Massenschlägereien liefern.

Das folgende Beispiel ist im Grunde keine erlernte Aggression – sondern zeigt eine klassische »Fehlverknüpfung«, wie man sie manchmal als Hundetrainer mit seinen Kunden erlebt. Bei den einzelnen Trainingsterminen zeigte der Hund Chico unseres Kunden nach einigen Trainingseinheiten keinerlei problematisches Verhalten bei Hundebegegnungen mehr. Trotzdem erklärte der Hundehalter, dass sich keine Verhaltensänderung außerhalb des Trainings ergeben hatte. Das ist ungewöhnlich und lässt sich mitunter durch den sogenannten »Trainereffekt« erklären: Hunde erkennen sehr schnell, wann sie sich in der Übungssituation befinden, wenn ein Hundetrainer anwesend ist. Manchmal ist es nicht einmal nötig, dass der Trainer selbst mit dem Hund trainiert hat – eine punktgenaue Anleitung führt dazu, dass sich der Halter so anders verhält, dass der Hund daraus lernt. Aus diesem Grund überwiesen wir den Kunden mit seinem Hund an eine Kollegin, da wir davon ausgegangen waren, dass der »Trainereffekt« eingetreten war und der Hund in unserer Anwesenheit einfach gelernt hatte, nicht in die Konfrontation zu gehen. Doch auch unsere Kollegin konnte kein unerwünschtes Verhalten feststellen. Erst die Analyse mithilfe der Videokamera ergab einen Hinweis. Sobald der Kunde allein unterwegs war, pöbelte Chico sehr ernsthaft an der Leine; sobald irgendeine beliebige Person zugegen war, zeigte er das erwünschte Verhalten, an dem mit ihm trainiert worden war. Ursache war, dass der Besitzer mangels Konsequenz außerhalb der Trainingssituation nicht mit dem Hund geübt hatte. Das wiederum verursachte eine Verhaltensdiskriminierung, in der Chico ganz klar unterschied, ob eine zweite Person zugegen war oder nicht. War eine zweite Person anwesend, verhielt der Hund sich so, wie es trainiert worden war, war er dagegen mit seinem Besitzer allein unterwegs, pöbelte er an der Leine, wie er es zuvor auch immer getan hatte.

Andere Aggressionsformen

Verschiedene Experten unterteilen Aggressionsverhalten unterschiedlich. Bei genauer Analyse stellt man fest, dass einige Forscher zwischen sehr vielen Motivationen und Ursachen unterscheiden, während andere eher zusammenfassend definieren. Neben den hier beschriebenen Motivationen für Aggression gibt es noch weitere Gründe, warum ein Hund sich aggressiv verhalten kann, die im Alltag relevant sein können. Oft ist ihnen gemein, dass sie in spezifischen Situationen auftreten, die gut abgefragt werden können, wenn die Auslöser nicht ohnehin schon benannt werden. Das gilt natürlich nicht immer und auch dieser Abschnitt erhebt keinen Anspruch auf Vollständigkeit. Den Aggressionsformen ist ebenfalls gemeinsam, dass sie durch reines Training in erster Instanz kaum oder nicht beeinflussbar sind oder nicht beeinflusst werden sollten. Aus diesem Grund sind die folgenden Aggressionsformen hier abgesetzt aufgeführt, auch wenn damit nicht den Kategorisierungen anderer Autoren gefolgt wurde.

Lichtzyklusbedingte Aggression

Man hört es öfter, dass Hunde erhöhte Achtsamkeit zeigen, sobald es dämmerig wird. Ob zu Hause oder unterwegs, die Hunde sind relativ gelassen und freundlich; bei abnehmender Helligkeit werden sie zunehmend wachsamer und verteidigen durchaus mit Aggression ihren Besitz oder den Sozialpartner Mensch. Hervorzuheben sind hierbei die Molosserrassen und Herdenschutzhunde. Hat man einen Hund, der solche Ansätze zeigt, ist man gut beraten, ihn abends abzusichern, anzuleinen und/oder mit Maulkorb zu führen, um Beschädigungen und behördliche Restriktionen zu vermeiden, auch wenn er sonst freundlich ist.

Die Trainierbarkeit von lichtzyklusbedingter Aggression ist nicht selbstverständlich, was auch damit zusammenhängt, dass auch der Halter bei Dunkelheit weniger sieht und sich deswegen – wenn auch unbewusst – in erhöhter Alarmbereitschaft befindet. Denkt man wiederum an die Horrorfilme, die bereits im Zusammenhang mit Ängsten angesprochen wurden, dann wird deutlich, warum die Gruselgeschichten nicht auf einer karibischen Insel bei Mittagssonne erzählt werden: Der Mensch hat in der Dunkelheit eher Angst, weil er sich auf sein wesentliches Sinnesorgan nicht mehr ausreichend verlassen kann: die Augen. Genau deswegen wird die lichtzyklusbedingte

Aggression und vor allem ihre Tendenzen bei Hunden oftmals als wenig problematisch empfunden. Vielmehr interpretieren Halter das Verhalten ihrer Hunde so, dass der Hund sie in der Dunkelheit vor allem Bedrohlichen beschützen wolle.

Genetisch bedingte Aggression

Eine spezielle Form von Aggressionsverhalten ist die genetisch bedingte pathologische Aggression. Bekannt ist hier vor allem die Cockerwut, deren Ursache vermutlich genetischer Natur ist. Wenn auch nicht ausschließlich, so ergaben Befragungen, dass vor allem Cocker Spaniels der Fellfarbe »Golden« (Rot) betroffen sind, die immer wieder grundlos sehr heftig zubeißen, dabei in richtige Rage geraten und kaum mehr zu beruhigen sind. Weil nach so einem Anfall ein Zustand der Erschöpfung folgt, wird vermutet, dass die Cockerwut der Epilepsie ähnelt. Zwischen den Phasen sind diese Hunde meist friedlich. Diese krankhafte Form von Aggression bei Cockern ist mittlerweile weitestgehend weggezüchtet. Es kommt aber immer wieder vor, dass übermäßiges Aggressionsverhalten bei Cocker Spaniels mit Cockerwut abgetan wird, ohne das Verhalten zu hinterfragen oder den Hund zu beobachten. Die Hunde werden in der Regel eingeschläfert, weil eine genetische und damit nicht zu beeinflussende Ursache vermutet wird.

Ein ähnliches Krankheitsbild zeigte sich Ende des letzten Jahrhunderts bei Golden Retrievern. An sich völlig liebe, unscheinbare Tiere fielen aus dem Nichts heraus über Familienmitglieder her und verletzten sie schwer. Auch hier war die Euthanasie der Tiere die einzig humane Maßnahme, denn die einzige andere Lösung wäre gewesen, den an sich gesund wirkenden Hund isoliert von allen Sozialpartnern zu halten, was für den Hund wiederum unzumutbar gewesen wäre. Auch diese genetisch basierte Erkrankung ist züchterisch weitestgehend ausgemerzt worden. Ähnliche Fälle sind für Berner Sennenhunde bekannt, bei denen das Krankheitsbild zusätzlich epileptische Anfälle umfasste. Immer wieder reichen die Ahnentafeln von Rassehunden auf ganz wenige Rüden zurück, die aufgrund des außerordentlich schönen Phänotyps als Deckrüde verwendet wurden. Wenn so ein Hund mehrfach Hündinnen deckt, aber neben seinem Aussehen auch Krankheiten weitergibt, die er in sich trägt, ohne dass diese für den Züchter sichtbar sind oder die sich zu einem späteren Zeitpunkt erst zeigen, kann es zu solchen Anhäufungen von Krankheitsbildern kommen. Ein solches Ereignis wird als »Popular Sire Syndrom« bezeichnet und ist in der Rassezucht gefürchtet.

Auch wenn es Rassen gibt, die von genetisch bedingtem, krankhaftem Aggressionsverhalten betroffen sind, gilt das nicht für jede Rasse. Dackel oder Terrier beispielsweise, von denen fast jeder aus seiner Vergangenheit mindestens einen Vertreter kennt, der gebissen hat (und die teilweise auch heute noch gern beißen), sind ihrem Zuchtziel entsprechend mit gesteigertem Aggressionsverhalten ausgestattet. Man muss diese Fälle, sofern sie vorstellig werden, zwar immer auch individuell betrachten, in der Regel liegt aber keine pathologische, wenn auch sehr wohl eine genetische Ursache vor. Manche Zuchtlinien bedienen sich der aggressiven Form der Kommunikation einfach deutlich lieber und häufiger als andere.

Maternale Aggression

Es ist völlig natürlich und absolut normal, wenn eine Mutter ihr Kind verteidigt. Man nennt diese Aggressionsform maternale, also mütterliche Aggression. Unabhängig davon, wie sich die Hündin sonst im Umgang mit Artgenossen oder Menschen zeigt, darf sie ihre Welpen verteidigen. In der Regel wird das verteidigende Verhalten während der ersten zwei bis vier Wochen nach der Geburt am heftigsten gezeigt und lässt mit dem zunehmenden Alter der Welpen nach. Ein Zuchtziel kann es keinesfalls sein, Hündinnen zu erhalten, die ihren Nachwuchs gern anderen überlassen. Das würde unweigerlich auch auf andere Bereiche Einfluss nehmen. So kann man davon ausgehen, dass die Hündinnen auch die Aufzucht und Erziehung ihrer Welpen vernachlässigen würden, was tragische Folgen für deren Ontogenese, also ihre individuelle Entwicklung, und die Sozialisierungsphase haben könnte.

Eine Mutterhündin sollte besonders in den ersten Wochen – ganz unabhängig von ihrem Status in ihrer möglicherweise existierenden Gruppe – die Möglichkeit haben, mit ihren Welpen allein zu sein. Entstehen statusbedingte Konflikte mit anderen Hündinnen in der Gruppe, kann es sowohl dazu kommen, dass die Mutterhündin ihre Welpen verlässt, als auch zu ernsthaften Kämpfen, die nachhaltig das Zusammenleben der Gruppe erschweren. Solche Konflikte mögen unter anderen Umständen natürlich sein, im Zusammenleben mit dem Menschen sind sie unnötig und leicht zu vermeiden.

Auch in den Folgewochen kann maternale Aggression noch vorkommen, weswegen man der Hündin immer den nötigen Respekt zollen sollte, anstatt in dieser sowieso recht nervenaufreibenden Zeit einen Konflikt heraufzubeschwören.

Schmerzbedingte Aggression

Jeder von uns kennt das. Tut unser Kopf weh oder schmerzt ein Zahn, sind wir deutlich leichter reizbar, als wenn es uns gesundheitlich gut geht. Genauso verhält es sich mit Hunden. Wenn das Aggressionsverhalten plötzlich auftritt oder der Hund sich bei Berührung an bestimmten Körperregionen wehrhaft zeigt, kann es sich um einen schmerzbedingten Auslöser handeln. In einem solchen Fall sollte das immer von einem Tierarzt überprüft werden. Wenn dieser einen akuten oder chronischen Schmerz ausschließen kann, handelt es sich häufig eher um eine statusgebundene Aggression nach dem Motto: »Du darfst mich nicht anfassen.«

Unterscheiden muss man bei schmerzbedingtem Aggressionsverhalten zwischen latentem oder akutem, lokalem Schmerz. Wenn der Hund sich plötzlich nicht mehr an der Pfote, am Ohr oder einem anderen Bereich des Körpers anfassen lässt und dann knurrt oder gar nach der Hand schnappt, spricht man von einem akuten, lokalen Schmerz. Es ist dann ratsam, diese Stelle vorsichtig genauer unter die Lupe zu nehmen, gegebenenfalls allerdings erst, nachdem man den Hund gesichert hat. Das kann natürlich auch bei inneren, also Organbeschwerden der Fall sein, zum Beispiel können auch Bauchschmerzen, Nieren- oder Blasenschmerzen dazu führen, dass der Hund Berührungen vermeidet oder abwehrt. Ist das Problem beseitigt beziehungsweise behandelt, verhält sich der Hund meist wieder normal. Es kann allerdings sein, dass der Hund, beispielsweise bei langanhaltender, sehr schmerzhafter Ohrenentzündung gelernt hat, dass Berührungen am Kopf unangenehm sind. Man hört immer wieder von Hunden, dass sie sich da oder dort nicht anfassen lassen, obwohl es keinerlei beeinträchtigende gesundheitliche Ursachen gibt. Ein Grund hierfür kann auch eine Erinnerung an Schmerz sein, die über das eigentliche Ereignis hinaus generalisiert wurde. Bei diesen Hunden kann man langsam, aber stetig und mit aller Vorsicht diese Berührungen einfordern, bis sie erkennen, dass diese Form der Berührung angenehm und nicht schmerzhaft ist. Die alte Erfahrung muss mit einer neuen Erfahrung überschrieben werden, um wieder einen normalen Umgang zu ermöglichen. Wenn es keinen unmittelbaren Grund gibt, eine neue Erfahrung möglichst schnell anzutrainieren, sollte dieser Weg gewählt werden, während bei angstaggressivem Verhalten auch andere Möglichkeiten genutzt werden können. Sollte ein schnellerer Zugang notwendig werden, sollte man den Hund unbedingt mit einem Maulkorb sichern, bevor man mit dem Training beginnt.

Latente Schmerzen, oft ausgehend vom Bewegungsapparat oder etwa bei Zubildungen, verursachen einen Schutzmechanismus, bei dem der Hund Berührungen aus Angst vor weiterem Schmerz meidet. Unglücklicherweise gibt es neben den Hunden, die bei latenten Schmerzen auch einen leidenden Eindruck auf einen aufmerksamen Beobachter machen, auch solche, denen man im Alltag nichts anmerkt. Sie wirken oft launisch oder übler Natur, sie werden als grantige Gesellen beschrieben, die keinen Fehler verzeihen, lustlos und schlecht zu motivieren sind. Untersucht man einen solchen Hund in Narkose eingehend, findet man oft auch die Ursache für das durch den latenten Schmerz verursachte Verhalten. Tatsächlich kann man davon ausgehen, dass sich ein solcher Hund zwar mit dem Schmerz zwangsläufig arrangiert hat, eine Behandlung aber dennoch lohnenswert ist. Wer ähnliche latente Schmerzen eine geraume Zeit aushalten musste, kann sicher nachvollziehen, dass die Laune an einen Tiefpunkt gelangt und man sehr gereizt auf die Umwelt reagiert. Hier helfen meist schon Schmerzpräparate und natürlich die Behandlung des eigentlichen Problems, um das Verhalten des Hundes positiv zu verändern.

Neben Schmerzen gibt es noch weitere gesundheitliche und hormonelle Faktoren, auf die wir Seite 67 näher eingehen.

Autoaggression

Auch wenn wir uns in diesem Buch in erster Linie mit dem nach außen gerichteten Aggressionsverhalten beschäftigen, soll die Autoaggression, also das selbstverletzende Verhalten, nicht unterschlagen werden. Selbstverletzendes Verhalten ist in den meisten Fällen, wenn überhaupt, dann vom Menschen bekannt. Es betrifft in etwa ein Prozent der hiesigen Bevölkerung und tritt bei Frauen offensichtlich häufiger als bei Männern auf. Selbst für den Menschen ist nicht ganz klar, welche Verhaltensweisen (und bis zu welchem Punkt) zu den selbstverletzenden gehören. Ist es ein selbstverletzendes Verhalten, wenn man sich gern den Schorf von der Wunde knibbelt? Wenn man sich besonders krause oder graue Haare ausrupft? Oder eben doch erst, wenn die Person sich mit einer Rasierklinge Schnittwunden zufügt? Selbstverletzung ist schwer zu definieren.

Auch in Bezug auf Hunde gibt es wenige wissenschaftliche Studien, die Autoaggressionen untersucht haben. Man weiß aber von nichtmenschlichen Primaten, dass sowohl soziale als auch Umgebungsdeprivation (siehe »Deprivation« Seite 198) dazu führt, dass die Tiere eine ganze Reihe von Verhaltensstörungen zeigen, zu denen auch Autoaggression gehört. Es ist immer noch nicht klar, ob bei Menschen, die selbstverletzendes Verhalten zeigen, während der Handlung das »Glückshormon« Dopamin ausgeschüttet und so das Verhalten mit einem positiven Empfinden verknüpft wird. An Ratten konnte man nachweisen, dass medikamentös zerstörte dopaminerge Systeme darin resultieren, dass sich die Tiere schnell und heftig selbst attackieren, während man bei Patienten auch nach dem Hinzufügen einer Verletzung keinen Anstieg im Dopaminspiegel nachweisen konnte. Neben hormonellen und Neurotransmitter-Modellen spielt, untersucht an Ratten (Schmahl & Stiglmayr, Hrsg., 2009), auch chronischer Stress eine ausschlaggebende Rolle bei der Heftigkeit der autoaggressiven Verhaltensweisen. Jane Goodall (1971) beschreibt den Einzelfall eines wilden Schimpansenjungens, das sich nach dem Tod seiner Mutter selbst verletzte und letztendlich innerhalb von achtzehn Monaten verstarb. Auch hier liegt Stress als Auslöser für das Verhalten nahe.

Bei Hunden weiß man neben Erkrankungen des Immunsystems vor allem im Bereich der Trennungsangst von selbstverletzendem Verhalten (Schwartz, 2003). Das Verhalten kann verschiedene Ausprägungen zeigen. Während relativ viele Hunde unter Leckzwängen leiden, sind solche, die ihre eigenen Extremitäten attackieren und sich selbst dabei teilweise schwer verletzen, glücklicherweise relativ selten. Leckzwänge sind häufig eine übersteigerte und destruktive Form der Fellpflege und des Komfortverhaltens.

Eine weitere häufig anzutreffende Form dieser Probleme sind Hunde, die aus einem stereotypen Verhalten heraus in die Selbstverletzung gehen. Ein Beispiel wäre der Hund, der seine eigene Rute jagt und schließlich hineinbeißt. Dieses Verhalten kann, genau wie das Flankennuckeln, auch genetisch bedingt sein (Dodman et al., 2010). Neben den Haltungsbedingungen solcher Tiere können Verhaltensauffälligkeiten aus dem Bereich der Selbstverletzung aber auch medizinische Gründe haben. Neben Autoimmunerkrankungen zählen dazu auch Schmerzereignisse, gegebenenfalls Tumore, Verwachsungen oder Fellprobleme. Ein Hund mit derart abweichendem Verhalten sollte deswegen zunächst tierärztlich untersucht werden. Möchte man autoaggressive Verhaltensweisen behandeln, sollte außerdem die Abstammung sowie die Aufzuchtbedingungen und die aktuelle Haltungsform in der Anamnese berücksichtigt werden. Bei vielen Formen der Autoaggression handelt es sich um therapierbare Verhaltensstörungen. Je nach Befund muss möglicherweise zunächst die Ursache des Schmerzes behandelt werden, bevor man eine Verhaltensstörung behandeln kann. Salgirli & Dodurka (2011) kombinierten erfolgreich das Verhaltenstraining direkt mit einem Antidepressivum im Fall eines autoaggressiv agierenden Dogo Argentino. Einem Hund, der sich ständig an der Pfote leckt, würde man beispielsweise für den Hund äquivalente Ersatzhandlungen in ähnlicher Lage anbieten. Liegt der Hund, könnte man ihm einen Knochen zum Nagen, einen gefüllten Kong oder eine ähnliche Beschäftigung anbieten, die er ebenfalls mit dem Maul ausführen kann. Kommt die Störung aus einer Bewegung heraus, sucht man eine entsprechende Ersatzhandlung, die man dem Hund anbietet. Hier sind Futterspiele eine Ansatzmöglichkeit. Die Konzentration auf verstreutes Futter in einer hohen Wiese wirkt ermüdend und lenkt den Hund gegebenenfalls ausreichend ab und ermöglicht es ihm, sich zu bewegen, ohne sich jedoch in der Bewegung verlieren zu können. Sollte sich der Halter mehr einbringen, kann man versuchen, den Hund zum Beispiel mit Clickerarbeit zu beschäftigen. So können Handlungsketten erarbeitet werden, die dem Hund später als Alternativverhalten dienen können.

Exkurs:
Territorium der Wölfe

Um sich vor Augen zu führen, wie tief das Territorium bei Hunden genetisch verankert sein muss, muss man nur seinen nächsten Verwandten, den Wolf betrachten. 2001 veröffentlichten Jedrzejewski et al. ihre Erkenntnisse über vier Wolfsrudel, die sie zwischen 1994 und 1999 in den Wäldern von Bialowieza, Polen, telemetriert hatten. Heute weiß man, dass ein natürlich entstandenes Rudel gewöhnlich aus den Elterntieren und ihren Nachkommen aus dem Vorjahr und – im Herbst – den aktuellen Welpen besteht. Das Territorium eines Wolfsrudels ist sein Lebensraum, in dem alle sozialen Interaktionen stattfinden, Welpen geboren und großgezogen werden und die Jagd stattfindet. Andere Wolfsrudel und auch einzelne Individuen werden vertrieben, dennoch gibt es geringfügige Überschneidungen in den Territorien benachbarter Rudel. Die Grenzen des Reviers werden durch Harnmarkierungen und das berühmt-berüchtigte Wolfsgeheul gesetzt. Markierungen werden im Schnitt alle dreihundertfünfzig Meter abgesetzt, entlang der Grenzen häufiger. Markiert werden prominente Punkte wie Bäume, Büsche und Ähnliches.

Pro Tag wird für die Jagd nur etwa ein Zehntel des Territoriums genutzt. Die Hypothese ist, dass Wölfe so zwar pro Jagdereignis die Beute aus diesem Bereich ihres Revieres vertreiben, die anderen Bereiche aber nicht beeinflusst werden beziehungsweise das geflohene Wild dort wieder zur Ruhe kommt. Was Wölfe jagen, hängt davon ab, was das häufigste Beutetier in ihrem Lebensraum ist. Da der Wolf auf fast allen Kontinenten vorkommt und einstmals das am weitesten verbreitete Raubtier der Erde war, ist sein Nahrungsspektrum groß. Auch wenn Wölfe heute als Waldtiere wahrgenommen werden, leben sie dort erst bevorzugt, seit der Mensch sie von offenen Graslandschaften, die ebenfalls zu ihrem Lebensraum gehören, vertrieben hat.

In unseren Breiten erreichen Territorien Größen zwischen 150 und 350 Quadratkilometern, und die Wölfe ernähren sich innerhalb ihres Territoriums hauptsächlich von Rehen, Rothirschen und Wildschweinen (Wagner et al., 2012), allerdings schlagen sie vor allem anderenorts auch Nutz- und Haustiere – ja, auch Hunde sehen sie als Beutetiere. Dafür legen weibliche Tiere pro Tag im Schnitt etwa 22 Kilometer, Rüden 35 Kilometer zurück, wobei es gravierende Unterschiede zwischen den Sommer- und Wintermonaten gibt, was sich hauptsächlich aus der Dichte der Beute zu den unterschiedlichen Jahreszeiten ergibt. Während die Leithündin in den Sommermonaten Welpen aufzieht, bleiben die anderen Mitglieder des Rudels allerdings auch aktiv in der Nähe der Bruthöhle.

Die Jungtiere des Vorjahres helfen in dieser Zeit bei der Aufzucht der Welpen. Erst wenn sie mit zwei Jahren geschlechtsreif werden, verlassen sie gewöhnlich ihr Rudel und suchen sich ein eigenes Revier. Dort treffen sie auf andere Jungwölfe und es bilden sich neue Paare, die dann wiederum die Elterntiere ihres eigenen Rudels werden. Eine Verpaarung zweier verwandter Wölfe passiert normalerweise nicht. Anders als Hunde, die normalerweise auch viel früher geschlechtsreif werden (zwischen dem siebten und elften Monat), sind Wolfsrüden nicht so promiskuitiv wie Hunderüden – sie werden erst sexuell aktiv, wenn es der Zyklus der Wolfshündin sinnvoll macht.

Das Leben eines Wolfes spielt sich also, nachdem er ein Territorium etabliert hat, ausschließlich hier ab. Jeder Aspekt des Lebens findet in diesem geografisch begrenzten Raum statt. Fragmente dieses Lebens finden wir auch heute noch bei unseren Hunden. Harnmarkierungen sind ein typisches Verhalten bei Rüden und Hündinnen, und auch territoriale Aggression findet man in unterschiedlicher Ausprägung wieder.

KAPITEL 4

Körpersprachliche Signale

Bei der Arbeit mit dem Hund ist das Verstehen seiner Körpersprache maßgeblich. Es sind manchmal ganz feine Nuancen und Veränderungen, die aber für unsere Antwort entscheidend sind. Das Schwierigste bei der Beurteilung eines Hundes ist es, zu lernen, den Hund wertfrei zu beobachten und zu analysieren. Warum das so wichtig ist, erklärt sich dadurch, dass unsere Reaktion auf das Verhalten des Hundes angemessen sein muss und nicht auf einer falschen Interpretation oder einem falschen Urteil über die Motivation eines Hundes beruhen darf. Naturgemäß vergleicht ein Mensch eine aktuelle Situation immer mit Situationen, die er selbst erlebt oder beobachtet hat, und zieht seine Erklärung aus dem Verständnis, das er aus diesen vergangenen Erfahrungen gemacht hat. Das ist in Bezug auf andere Menschen auch richtig; wenn es um Hunde geht, kann so ein Interpretationsverhalten aber zu falschen Schlüssen führen. Der Mensch folgt anderen Werten, als das ein Hund tut. Das fängt schon bei den ganz basalen Unterscheidungen an: Ängstlichkeit löst bei uns eher einen Beschützerinstinkt und Hilfsbereitschaft aus und wird als gute oder positive Eigenschaft empfunden, Aggressionsverhalten dagegen ist meist negativ belegt – wer aggressiv ist, ist asozial und gewalttätig. Die große Gefahr, wenn man Hunde mit menschlichen Eigenschaftsattributen belegt, ist, dass man auch ihr Verhalten vermenschlicht und ihnen ein Bewusstsein für ihre Taten und damit planvolles Handeln unterstellt. Wer einen Hund beobachtet und sein Verhalten analysieren möchte, muss sich zu jeder Zeit vor Augen führen, dass der Mensch ein außergewöhnliches Lebewesen ist – uns unterscheidet viel von anderen Tieren. Die natürlichen Aspekte, denen auch wir folgen, treten völlig in den Hintergrund, gemessen an unseren geistigen und technologischen Fähigkeiten. Der Hund dagegen ist ein Tier, das lebt und sich derweil verhält. So wenig, wie er ein Mobiltelefon erfinden konnte oder ein Buch schreiben, so ist er doch ein Tier mit den ihm gegebenen Möglichkeiten, in seinem Leben zu bestehen und zu kommunizieren. Man kann es so ausdrücken: Weil Hunde nicht sprechen können, teilen sie sich – neben dem Bellen – über ihre Körpersprache mit, wann immer es Sinn macht, das zu tun.

Das Demutsverhalten des Hundes ist ein gutes Beispiel für ein Verhalten, das wertfrei gesehen werden sollte – und dessen Erscheinungsbild aus der menschlichen Perspektive mit einem gewissen Grad der Vermenschlichung (die im Übrigen durch Medien unterstützt wird) »schrecklich« wirkt. Rein wissenschaftlich neutral gesehen zeigt es den Hund in aktiver oder passiver Unterwerfung. Der Hund macht sich klein und rund, vielleicht winselt oder wimmert er, kriecht förmlich auf dem Boden, senkt den Blick. Würde ein Mensch sich so verhalten, wäre es ein eindeutiges Zeichen für großes Leid. Wertet man dieses körpersprachliche Verhalten des Hundes entsprechend, würde man dieses Leid auch hier sehen. Unterwerfung und Demut sind negativ belegte Verhaltensformen in der menschlichen Gesellschaft. Sie zeugen von Unterdrückung,

Schmerzen und großer Furcht. Aber Menschen sind Lebewesen, die aufrecht auf zwei Beinen gehen. Wenn Schmerzen so groß sind, dass der Mensch sie nicht mehr sprachlich artikulieren kann und sich nur noch kriechend fortbewegen kann, ist er in höchster Not. Gerade in unserer Gesellschaft (aber nicht in jeder anderen menschlichen Gesellschaft) ist darüber hinaus der gesenkte Blick nicht wünschenswert – Würde, Stolz und Achtung drücken wir aus, indem wir unserem Gegenüber in die Augen schauen und so Interesse an ihm bekunden. Der Hund hingegen zeigt das beschriebene Verhalten, um Konflikte zu vermeiden, und mitunter ist es auch eine effektive Strategie, um ein Ziel zu erreichen. Der eine oder andere wird die Situation kennen, wenn ein Hund weggeschickt wird, beispielsweise, weil man gerade ein Stück Kuchen isst und er winselnd und vielleicht sogar grinsend ganz langsam, aber sicher angekrochen kommt, bis er da ist, wo er eigentlich sein wollte – in einem Konflikt, in dem sein Wille gegen den des Gegenübers steht, nutzt er die aktive Demut, um doch noch an sein Ziel zu kommen, ohne eine Eskalation des Konflikts herauszufordern. Er sieht dabei allerdings für uns so erbärmlich oder aber lustig aus, dass wir ihn lassen. Wäre sein Gegenüber ein anderer Hund, könnte auch der das aktiv demütige Verhalten als »unverschämt« abstrafen oder aber es als harmlos, weil konfliktvermeidend interpretieren – der Effekt wäre ein ähnlicher. Hat er Erfolg, entwickelt er daraus eine Strategie und zeigt das Verhalten öfter, mit dem Ziel, auf sehr nette Art und Weise seinen Willen durchzusetzen. Man kann davon ausgehen, dass sich der Hund nicht »unterworfen« und »gedemütigt« fühlt, wenn er sich bei Auseinandersetzungen so verhält. Es ist ein völlig normales Verhalten in sozialem Kontext, konfliktvermeidend und durchaus oft erfolgreich. Was leider heute häufig passiert, ist, dass Hunde, die sich so verhalten, als ängstlich eingeschätzt werden und eine möglicherweise benötigte Grenze nicht aufgezeigt wird.

Zwei Ethologen haben maßgeblich dazu beigetragen, dass wir heute wertvolle Hilfestellungen haben, um das Verhalten eines Hundes wertfrei zu analysieren: Nikolaas Tinbergen und Erik Zimen. Tinbergen wurde bekannt für seine Forschung mit Stichlingen und erhielt zusammen mit Konrad Lorenz den Medizin-Nobelpreis, Zimen arbeitete mit Hunden und Wölfen und hat einen großen Einfluss auf das moderne Verständnis für Hunde und deren Haltung.

Tinbergen verdanken wir »die vier Fragen«. In der Ethologie sollen sie das sein, woran man sich orientiert, wenn man ein Verhalten beobachtet. Betrachtet man diese Fragen, dann wirken sie anfänglich sehr mächtig und erscheinen zu abstrakt. Tatsächlich aber hilft die Kombination der vier Fragen, persönliche Erfahrungen und subjektive Eindrücke hintenan zu stellen und sich ein objektives Bild von der Beobachtung zu machen:

1. Die Frage nach der unmittelbaren Ursache.
2. Die Frage nach dem unmittelbaren Nutzen für das Individuum.
3. Die Frage nach dem Entstehen des Verhaltens auf Ebene der Stammesgeschichte.
4. Die Frage nach dem Entstehen des Verhaltens im Verlauf der Individualentwicklung.

Erik Zimen war es, der die Körpersignale unserer Hunde protokolliert und definiert hat, um sie und das damit verknüpfte Verhalten anschließend Funktionskreisen zuzuordnen (lesen Sie dazu auch die Exkurse »Ethologie« und »Funktionskreise« auf Seite 156 und 158).

Affektive Aggression wird in mehreren der aufgezählten Funktionskreise gezeigt. Jagen als nichtaffektive Aggression ist Teil des stoffwechselbedingten Verhaltens. Der Zusammenhang, in dem der

Aggression ist Normalverhalten und wird auch im Spiel geübt. Diese Hunde kennen sich und leisten es sich, auch einmal etwas gröber miteinander zu rangeln. Wer seinen Hund kennt, 1
bleibt entspannt und lässt ihm die Freude des Tobens.

Momentaufnahmen wie diese wirken auf den einen witzig, auf den anderen gruselig oder gefährlich. Aggression ist ein emotionales Thema und nicht immer leicht zu bewerten. Letztendlich hat der Hund aber nur sein Maul, um zu greifen – so wie es hier im Spiel ein Rüde mit einer Hündin seiner Gruppe macht. Ihr Spiel ist nicht aggressiv, er ärgert sie, indem er sie am Weiterlaufen hindert.

2

Manchmal beginnt alles mit einem Blick, der so unauffällig ist, dass die Halter es gar nicht mitbekommen. In einer relativ ausgelassenen Situation wird dieser Rüde von einer Deutschen Schäferhündin in seiner Bewegung eingeschränkt und beantwortet diese Geste mit einem festen Blick, um zu signalisieren, dass er sich das nicht gefallen lassen wird.

Viele Hundehalter sorgen sich vor so einem üblen Ausgang einer Begegnung an der Leine: Was als vermeintliches Interesse am anderen Hund angesehen wurde, eskaliert in dem Moment, in dem die Hunde, auch wegen der Begrenzung durch die Leine, nicht voreinander ausweichen können. Jetzt wird es unangenehm – die Leinen sorgen im schlimmsten Fall noch für eine erzwungene Nähe, durch die es dann im Konflikt zu Verletzungen kommen kann. 3

Besitzer von Hunden, die gegen sie selbst aggressiv vorgehen, haben einen großen Leidensdruck. Wenn der eigene geliebte Hund die Zähne gegen seinen Besitzer einsetzt, sitzt der Schock tief, und man fragt sich, zu was der Hund sonst noch fähig ist. Es lohnt sich, sich mit aggressivem Verhalten auseinanderzusetzen. Dann kann man angemessen damit umgehen und an einer Besserung arbeiten.

4 Wenn ein Welpe früh lernt, was er darf und was nicht, dann ist schon viel gewonnen. Dieser Welpe, der verschiedenenorts als Listenhund geführt wird, lernt gerade, einen Ball auch wieder herzugeben – auch wenn das nicht so viel Spaß macht.

Bei einem Junghund sollte die Beißhemmung sitzen, dann bleiben auch kleine Kampfspiele mit dem Halter echte Spiele. Natürlich testet so ein junger Hund auch immer wieder, wie weit er gehen darf, aber prinzipiell weiß er jetzt idealerweise schon sehr genau, seine Zähne angemessen einzusetzen.

 5

Mischmotivation

Diese kleine Schipperke-Hündin wirkt im ersten Moment sehr sicher und offensiv in ihrem pöbelnden Verhalten an der Leine. Als sich der andere Hund nähert, zeigt dennoch alles an der Hündin nach hinten. Erst hier kommt die Mischmotivation deutlich zum Ausdruck: Die Hündin ist nicht auf einen Konflikt aus, sondern versucht, andere Hunde von sich fernzuhalten.

6

Ressourcen
Eine Halterin möchte einem fremden Hund auf dem Hundeplatz auch ein Leckerchen geben, ihre Hündin beansprucht diese wertvolle Ressource jedoch für sich selbst und zeigt dem fremden Rüden deutlich, dass er sich entfernen soll.

‹essourcen
:in Border Collie hat nicht die gleichen Möglichkeiten wie ein Wolf mit seiner Gesichtsmimik u kommunizieren, trotzdem kann er deutlich drohen, selbst während er frisst: mit starrem ›lick und angespannten Augenbrauen, gerunzeltem Nasenrücken, kurzer Maulspalte und ‹eigelegten Zähnen. Die Botschaft ist unmissverständlich.

:in Spielzeug oder Stöckchen kann eine verteidigenswerte Ressource sein, weil ein Hund erade damit gespielt hat und der andere nicht, oder aber sie werden dann zu einem Kon-iktobjekt, wenn es zwischen den Hunden um »etwas« geht. Ein Hund möchte seinen Status ‹rhöhen oder festigen, ein schwelender Konflikt wird über das Objekt angesprochen und diskutiert«.

Sozial motivierte Aggression
Der Malamute-Husky-Rüde soll von einer fremden Person beschränkt werden und zurückweichen. Das akzeptiert dieser Rüde nicht (obwohl die Person nur den Fuß anhebt) und droht sozial motiviert, denn seinen Status würde er gegen Fremde nicht behaupten wollen. Die Situation würde eskalieren und zu schweren Verletzungen bei der fremden Person führen, wäre dieser hier unangemessen aggressive Hund nicht mit einem Maulkorb gesichert.

Der Terrier-Mischling attackiert die Hand einer Fremden, die »seine« Halterin begrüßt. Ohne einen Maulkorb würde es zu schweren Verletzungen kommen. Ohne seine Halterin ist der Hund ein zurückhaltender Rüde, der sich unauffällig verhält.

Diese Hündin zwickt ihre Halterin, wenn diese rennt oder joggt. Das Verhalten kommt vermutlich aus einer sozialen Motivation heraus und enthält Elemente des Hütens, wie es nicht nur reinrassige Hütehunde mitunter zeigen. Dennoch entstehen schmerzhafte blaue Flecke, sodass auch erst einmal ein harmlos wirkendes Aggressionsverhalten ein ernsthaftes Problem ist.

Es gibt Hunde, die durch das Kraulen oder Streicheln ihres Halters aggressiv motiviert werden, andere Hunde oder Menschen auf Distanz zu halten. Diese Hündin droht einem herannahenden Münsterländer und hält ihn damit auf Distanz, nachdem sie nur wenige Minuten von der Halterin gekrault wurde.

Territoriale Aggression
Dieser Hund bellt am Zaun, wenn Fremde vorbeigehen – Körpersprache und Mimik sind defensiv, ein Verletzungsrisiko besteht vermutlich nicht, wenn man das Grundstück betreten würde. Oft ist so ein Verhalten schon mit viel Gewohnheit verknüpft und
10 ritualisiert.

Dieser Hund ist stark territorial. Er wird ausschließlich durch den Zaun gehemmt und davon abgehalten, offensiv aggressiv in die Hand zu beißen: Der Blick ist starr, die Augenbrauen zusammengezogen, die Nase gekräuselt, die Tasthaare aufgestellt, die Maulspalte ist kurz, alle vorderen Zähne werden präsentiert. Das In-die-Gitterstäbe-Stellen kann als »Besitzanspruch« interpretiert werden.

Für viele Hunde wird das Auto zum »mobilen« Territorium. Es wird oft lautstark verteidigt – einige Hunde toben regelrecht, wenn Menschen und/oder Hunde das Auto passieren. Weil dieses territoriale Verhalten häufig nur gezeigt wird, wenn der Halter nicht im Auto ist, lässt es sich kaum reduzieren.

Jmgelenkte Aggression
Rechts am Rand im Bild sieht man die grüne Schüssel mit Futter, das sich der Hund in einer Trainingslektion nicht einfach nehmen darf. Weil er auf das Abbruchwort nicht reagiert, greift die Halterin nach ihm, um ihn von der Vorwärtsbewegung abzuhalten. Im Impuls über die störende Hand, reißt der Hund seinen Kopf herum, um zu drohen. (In diesem Fall ist der Blick allerdings direkt an die Halterin gerichtet und wäre eher als sozial motiviert zu bezeichnen.)

Im eigentlichen Konflikt mit dem entgegenkommenden Pinscher schränkt die Leine den sandfarbenen Mischling ein – im Frust wendet er sich dem Ende der Leine zu und beschwert sich.

Sexuell motivierte Aggression
Die helle, liegende Hündin war gerade läufig. Mehrere Rüden beschnuppern sie interessiert. Der Hollandse-Herder-Rüde erhebt Ansprüche – er ist der einzige, der diese Hündin von regelmäßigen Spaziergängen her kennt. Die Situation eskaliert, weil der Harzer Fuchs (links) den fixierenden Blick und das Imponieren ignoriert – dennoch kommt es nicht zum Kampf, weil sich der Harzer Fuchs defensiv verhält.

Erlernte Aggression
Tochter und Vater sind im gleichen Hundeverein. Die Deutsche Schäferhündin ist nach der Internationalen Prüfungsordnung trainiert. Dazu gehören Unterordnungsübungen, das Fährten und der Schutzhundesport, der als einziger Teilbereich dieser Sportart eine Form der erlernten Aggression nutzt.

14

Erlernte Aggression

Diese Deutschen Schäferhunde sind Diensthunde, die auch dafür trainiert wurden, auf Befehl einen Menschen zu beißen. Sie reagieren auf drohende und pöbelnde Menschen erst mit verwarnendem Gebell und notfalls auch mit einem gezielten Biss. Das Ausdrucksverhalten hingegen zeigt, dass sie selbst nicht tatsächlich kommunizieren und drohen, sondern ihre Aggression erlernt ist.

Erlernte Aggression
Ludos Pfötchen wird von seinem Pfleger kontrolliert. Einst drohte Ludo offen (siehe Fallbeispiele Seite 184), weil er seinem Pfleger dieses Recht nicht zugestand. Inzwischen ist das Verhalten eher eine Form der erlernten Aggression, mit der er hin und wieder verhindern kann, dass seine Pfötchen kontrolliert und die Krallen geschnitten werden.

Rasseunterschiede
Die defensiv drohende Mimik dieses langhaarigen schwarzen Mischlings ist immer noch relativ gut zu erkennen – andere Rassen mit viel Behang sind weitaus schwerer zu lesen.

Briards wird häufig das lange Gesichtsfell mit Haarspangen von den Augen ferngehalten. Was dieser Rüde mimisch zeigt, ist für unerfahrene Hunde und Menschen nur äußerst schwer zu interpretieren. Hier bellt der Briard-Rüde Thorin auf Kommando und ohne aggressive Motivation seinen Halter an.

Rasseunterschiede Die Boxer-Hündin verteidigt die Kauplatte aggressiv. Obwohl sie offensiv eingestellt ist, sieht man ihren Gesichtszügen weit weniger an als anderen Hundetypen. Brachycephalie, überschüssige Haut, langes Gesichtsfell und andere Rassemerkmale erschweren oft eine klare Kommunikation dem Halter und auch Hunden gegenüber.

Diese Thai-Ridgeback-Hündin reagiert an der Leine auf einen anderen Hund mit offensivem Aggressionsverhalten. Hunderassen aus dem asiatischen Raum reagieren häufig ernsthafter als europäische.

Dominanz
Der sandfarbene Mischling gibt durch feines Drohverhalten zu verstehen, dass der Kauartikel ihm gehört. Es muss nicht immer Knurren und Zähnefletschen sein, es reichen oft auch schon ein starrer, aber abgewandter Blick und angezogene Augenbrauen. Im sozialen Gefüge ist es an dem Dackel, diese dominante Geste zu akzeptieren oder einen Konflikt zu beschwören, in dem er dennoch versucht, an den Kauartikel zu gelangen.

Der große Rüde frisst sonst keine Futterrübe – heute hat er sich ein Stück geholt, hat es zur Schau gestellt und besteht darauf, es allein zu fressen, nachdem der kleine Rüde vorher beim Spiel über die Stränge geschlagen hatte. Über diesen stellvertretenden Konflikt klärt der große Rüde in einer weniger angespannten Situation die Verhältnisse zwischen ihm und dem kleinen Rüden.

Imponieren
Imponierverhalten kann so überdeutlich wie hier präsentiert werden, je nach Rasse oder Anatomie kann es auch nicht so auffällig wirken. Die Beine sind durchgestreckt, der Hund steht fast auf den Zehenspitzen, die Rückenhaare sind abgespreizt, Kopf und Rute werden noch aufgereckt. Außerdem gibt es Rassen (besonders im asiatischen Raum: Thai Ridgeback, Akita Inu), denen eine imponierende Haltung förmlich aufgezüchtet wurde.

Früh übt sich: Dieser junge Cane-Corso-Rüde imponiert einem anderen Hund. Er nutzt dafür das entsprechende Ausdrucksverhalten und die T-Stellung. Bei größeren Rüden gibt er sich aber noch unauffällig und provoziert nicht.

Demut

Der Rüde links ist der Vater des Rüden rechts. Der Vater war während des Aufwachsens des Jungrüden zugegen. Hier treffen die beiden wieder aufeinander und der ältere Rüde macht deutlich, was er vom pubertätsbedingtem Gehabe des jüngeren hält. Der junge Rüde reagiert mit Ausdruckselementen der passiven Demut. Alles am Körper ist nach hinten gerichtet – je mehr der ältere Rüde den Druck erhöht, desto deutlicher werden die Demutsgesten: Der Sohn lässt sich auf die Seite fallen und präsentiert dem Vater seine verletzlichste Stelle, die Bauchregion.

Beschwichtigung
Bruno, ein Strobel-Rüde, findet die große Linse des Kameraobjektivs suspekt und reagiert mit Stresssignalen, die allgemein auch als Beschwichtigungssignale beschrieben werden: Blinzeln, Kopf-Wegdrehen bzw. Blick-Abwenden, Über-die-Nase-Lecken, Gähnen. Letztendlich werden viele dieser Elemente dem Demutsverhalten zugeschrieben und sollen verdeutlichen: Tu mir nichts, ich tu dir auch nichts.

Aggressives Verhalten
Ein Rüde nähert sich einer Hündin distanzlos. Nach kurzem Einfrieren nutzt die Hündin aggressives, aber gehemmtes Verhalten, um die Distanz zwischen sich und dem fremden Rüden zu vergrößern.

Leinenpöbler

»Meiner hat gepöbelt, obwohl der andere gar nichts gemacht hat!« oder »Manchmal pöbelt er, manchmal nicht und ich weiß nicht, was der Auslöser ist.« Als Menschen sind wir es gewohnt, mehr oder weniger direkt auf ein Subjekt unseres Interesses zu blicken – unter Hunden ist ein fixierender Blick mit einem entsprechenden Ausdrucksverhalten hingegen schon Drohverhalten und eine Provokation.

Begrüßung
Lernen sich zwei Hunde kennen, dann nutzen sie häufig bestimmte Spiele, um das fremde Gegenüber besser einschätzen zu können. Rennspiele sind eine Variante, die zwar witzig aussieht, aber letztendlich einem Zweck dient. Hier beginnt ein Rennspiel mit einer angedeuteten Vorderkörpertiefstellung, die an die graue Schäferhündin im linken Hintergrund gerichtet ist.

Diese beiden Rüden kennen sich. Im Rennspiel wird auch spielerisch in die Wamme gezwickt, das Maul aufgerissen und ordentlich gerempelt. Auch so kann man seine Kraft darstellen.

I-Stellung
Über Imponierverhalten kann ein Konflikt gelöst werden, indem beide Hunde, meist Rüden, ;ich präsentieren: Körpergröße, Kraft und Überzeugung. Auch das Auflegen des Kopfes, das Blockieren durch die sogenannte T-Stellung und das Besteigen dienen dazu, einen Konflikt uuszutragen, ohne zu kämpfen.

T-Stellung
Nachdem der Boxer-Rüde nicht defensiv auf die Einschränkung des Deutschen-Schäferhund-Rüden reagiert hat und sogar noch seinerseits die Pfote auf den Rücken des Schäferhundes legt, zeigt der wiederum durch die gleiche Geste, dass er nicht klein bei gibt. Die beiden können den Konflikt so lösen und gehen auseinander, noch bevor es zu einem Kommentkampf kommt.

Kommentkampf
Ein Kommentkampf ist ein hoch ritualisiertes Verhalten, das dazu dient, tatsächliche Verletzungen zu vermeiden und einen Konflikt dennoch zu lösen. Körperkraft und Taktik sollen verdeutlichen, welches Potenzial der Kontrahent hat. Das Aneinander-Aufsteigen ist typisch, es findet ein Ringen statt, um seine Körperkraft zu präsentieren (siehe hierzu auch Folgetafel).

Kommentkampf
Diese Kämpfe werden durch Lautäußerungen unterstützt und können bewegungsintensiver sein, als es bei einem Ernstkampf der Fall wäre.

Ernstkampf (Verständlicherweise zeigen wir hier keine Abbildung eines Ernstkampfes.)
Agieren zwei Rüden offensiv aggressiv, kann es schnell zu leichten und schweren Verletzungen kommen, wenn die Kontrahenten nicht durch einen Maulkorb gesichert sind. Geübte, angemessen handelnde Hunde können ihre Zähne auch für Bisse (oft in die Halsregion des Kontrahenten) einsetzen, ohne die Haut zu verletzen.

Absicherung über die Leine
Über die Leine kann man sich einen Hund so weit vom Leib halten, dass er nicht attackieren kann. In diesem Fall ist der Hund durch einen Maulkorb gesichert, aber auch ein Stoß des Hundes mit dem Maulkorb kann zu Verletzungen führen und eine Sicherung mithilfe der Leine ist sinnvoll.

Maulkörbe

Maulkörbe sind in der Gesellschaft stigmatisiert und das, obwohl sie ein wundervolles Hilfsmittel sind. Sie sichern den Hund und beteiligte Menschen. Wenn ein Hund gut an den Maulkorb gewöhnt ist, trägt er ihn ohne Probleme. Inzwischen gibt es Maulkörbe in vielen Varianten, einige eignen sich vor allem als Fressschutz, andere sind stabil. Es gibt mittlerweile auch viele verschiedene Farben.

Aggression ist Diskussion
Während die Malinois-Hündin und der Rüde (Mitte) eine Gemeinschaft bilden, ist die graue Deutsche Schäferhündin fremd. Defensiv aggressiv signalisiert die Malinois-Hündin, dass die Graue nicht willkommen ist. Der Rüde hatte dieser Hündin immer wieder Avancen gemacht, sodass sie sich auf den Konflikt einlassen würde. In der Folge schiebt sich der Rüde deeskalierend zwischen die beiden Hündinnen und verhindert so einen Kampf. Später straft er seine Hündin sogar ab, um die fremde Hündin zu verteidigen. Aggressives Verhalten gehört zum normalen Hundeverhalten und ist faszinierend zu beobachten.

Hund Aggression zeigt, ist elementar, wenn man die Aggressionsform bestimmen möchte.

Im Verlauf dieses Kapitels werden die körpersprachlichen Mittel der Hunde im aggressiven Bereich zuerst weiter ausgeführt – am Ende steht ein wissenschaftlicher Ansatz in der Einschätzung eines Hundes oder einer Situation.

Offensive versus defensive Körpersprache

Aggression ist Kommunikation, und so ist die Reaktion des Hundes, die wir beobachten, gleichzeitig auch Antwort auf sein Gegenüber. Wird der Hund mit einem Menschen oder Artgenossen konfrontiert, kann man anhand der körpersprachlichen (Selbst-)Darstellung ableiten, ob er sich seiner Sache sehr sicher ist oder eher nicht. Ein sicherer Hund wird offensive Signale nutzen, sobald er die Notwendigkeit sieht, aggressiv zu kommunizieren. Ein Hund, der defensiv agiert, kann sich ebenfalls seiner Sache sicher sein – nämlich, dass er diesen Konflikt nicht sucht. Gerade der unsichere Hund kann wechselweise defensive oder offensive Körperhaltungen einnehmen. Nicht selten ist die Körpersprache nicht klar und deutlich zuzuordnen, weil der Hund selbst auch hin- und hergerissen ist, wie er sich nun in der Situation am besten verhalten soll. Beide Varianten verwenden aber auch gleiche kommunikative Mittel: In beiden Fällen können die Hunde beispielsweise ihr Fell aufstellen, denn sie zeigen damit meist einfach ihre deutliche Erregung.

Ein sich, seine Ressourcen oder Sozialpartner heftig, wenn auch defensiv verteidigender Hund kann im normalen Zusammenleben deutlich mehr Probleme bereiten als ein Hund, der in sich ruhend, klar und deutlich offensiv drohend sagt: »Bis hierher und nicht weiter!«

Offensive Körpersprache

Eine sichere und offensive Körpersprache ist nicht nur im übertragenen Sinn nach vorn, dem Auslöser entgegengerichtet. In mehreren Stufen kann der Hund ritualisiert aggressives Verhalten zeigen und so körpersprachlich einem tatsächlichen Kampf vorschalten, den es um der eigenen Gesundheit Willen zu vermeiden gilt.

Am Anfang steht ein deutliches Imponierverhalten: Mit offensiver Körpersprache tritt der Hund raumeinnehmend auf, er erscheint sicher und klar. Er macht sich groß, kann dabei auch das Fell entlang des Rückens aufstellen, um noch größer zu wirken. Die Rute ist hoch erhoben, der Kopf wird hoch getragen, der ganze Körper angespannt und die Ohren nach vorn aufgestellt. Seine Bewegungen wirken langsam und überdeutlich, hin und wieder kommt es zum Parallellaufen der Kontrahenten. Zunächst dient eine solche Körpersprache der Distanzvergrößerung – wobei man beachten sollte, dass Imponierverhalten auch gegenüber Hündinnen als Werbeverhalten genutzt wird und dann nicht der Distanzvergrößerung, sondern der Distanzverringerung dient.

Ist der Hund mit dem distanzvergrößernden Imponierverhalten nicht erfolgreich, folgt ein Drohen, wobei er den Blick für einige Zeit hält, ihn aber auch deeskalierend abwenden kann oder am Gegenüber vorbeischaut – jedoch nicht weniger fest. Der Hund muss dabei weder Zähne zeigen noch knurren. Darauf folgend kann er das Gegenüber direkt anschauen. Das Gesicht wirkt verhärtet, die Pupillen sind leicht geweitet – die Bewegungen sind jetzt flüssiger und der Körper wird dem Gegner zugewandt, während der Blick gehalten wird oder die Erwiderung des Blicks sogar aktiv gesucht wird. Zusätzlich kann der Hund knurren. Dieses offensiv-aggressive Verhalten wirkt eskalierend. Aus dieser Haltung kommt es immer wieder zu Beißvorfällen, von denen behauptet wird, dass es vorher keinerlei Anzeichen gab, obwohl man sie nur nicht erkannt hat.

Im Verlauf wird auch immer wieder die sogenannte T-Stellung genutzt, wobei das T die Positionierung der Hundekörper zueinander beschreibt: Der offensive Hund blockiert mit seiner Körperseite den Kontrahenten, schneidet ihm den Weg ab und präsentiert sich in seiner vollen Größe. Gegebenenfalls legt ein Hund dem anderen eine Pfote auf den Rücken. Diese Raumeinschränkung kann ebenfalls eskalierend wirken.

Eskaliert der Konflikt nicht, kann der Hund das ritualisierte Aggressionsverhalten weiter steigern, indem er Zähne zeigt; mit rundem kurzem Maulwinkel sieht man nur die vorderen Zähne, also Schneidezähne und Fangzähne. Der Blick bleibt weiter auf den Gegner fixiert – mit steigendem Adrenalinspiegel weiten sich die Pupillen zusehends und lassen so mehr Licht auf die Netzhaut. Das Knurren ist tief grollend und wirkt bedrohlich. Alles am Hund ist auf das Gegenüber ausgerichtet. Der offensiv agierende Hund kann zu jeder Zeit sein Verhalten ändern und deeskalierende körpersprachliche Mittel einsetzen, die letztendlich im defensiven Bereich angesiedelt sind. Diese Signale können allerdings auch taktisch genutzt werden, um das Gegenüber länger taxieren zu können.

Der Erfahrungsschatz eines Hundes beeinflusst seine kommunikativen Möglichkeiten und die Deutlichkeit, mit der er sich darstellt. Offensiv agierende Hunde können mitunter ein Lustempfinden für das Kämpfen entwickeln.

Defensive Körpersprache

Der körpersprachlich defensive Hund macht sich eher kleiner, als er ist, er hat eine gebeugte Haltung, der Rücken ist abgerundet, die Beine sind leicht angewinkelt, die Vorderbeine sind nach hinten ausgerichtet. Seine Rute trägt der Hund neutral bis unter den Bauch gezogen und die Ohren werden nach hinten gedreht oder sogar angelegt. Teile des Rückenfells können aufgestellt sein, besonders im Schulterbereich und am Rutenansatz. Das passive Demutsverhalten sieht ähnlich aus, jedoch ist es betonter und »tiefer« – die defensive Körpersprache richtet sich mehr nach hinten mit der Möglichkeit des Rückzugs. In der Konfrontation vermeidet der Hund den direkten Blickkontakt, er senkt den Blick und Kopf, schaut an dem Kontrahenten vorbei oder wendet den Kopf betont und gegebenenfalls wiederholt ab. Knurren ist möglich. Oftmals hechelt der Hund und ist mehr in Bewegung mit eher hektischen und kleinen bis schleichenden Bewegungen. Wenn er droht, sind seine Maulwinkel spitz nach hinten offen (oder lang) und es sind viele Zähne zu sehen. Je unsicherer der Hund wird, desto mehr öffnet er den Fang.

Wird der Hund weiter bedrängt, wirkt es in der geduckten Haltung oft so, als würde der Hund hinten einknicken. Die Rute wird jetzt nah am Körper gehalten oder zwischen die Beine geklemmt. Der Hund reißt seine Augen weit auf, die Pupillen sind geweitet. Der Maulspalt ist lang, das Maul wird offen gehalten, aber nicht aufgerissen. Je hektischer oder panischer der Hund, desto eher kann es zu einem ungezielten Abwehrbeißen kommen, auch nachsetzend. Die Stimme ist hell bis hysterisch, manchmal jammernd oder wie sprechend. Die defensive Aggression ist nicht weniger gefährlich als die offensive – eher wird sie aufgrund der möglichen hysterischen Komponente unberechenbarer.

Das Gesamtpaket macht den Eindruck

Bei der Beurteilung, wie die körpersprachlichen Signale zu deuten sind, sollte man unbedingt beachten, dass man nur selten mit einer wirklich eindeutigen Aussage konfrontiert wird – eher sollte man sich offensives und defensives Aggressionsverhalten als Teile einer Waage vorstellen, in der in der jeweiligen Waagschale unterschiedlich große

Anteile dieser beiden Komponenten zum Tragen kommen. Welche überwiegt, wird ausschlaggebend dafür sein, wie der Hund sich verhält. Dennoch können auch in einer offensiv-aggressiven Kommunikation gerade die defensiven Komponenten für das Gegenüber wichtige Botschaften sein und die Reaktion ganz unterschiedlich ausfallen lassen. Mischmotivationen sind dabei in ihren Anteilen aus offensiven und defensiven Elementen nicht festgelegt, sondern können sich, abhängig von der Reaktion des Gegenübers, immer verändern.

Mischmotivationen machen sich in der Körpersprache bemerkbar, weshalb man immer das Gesamtbild und vor allem den Kontext im Auge behalten sollte, in dem der Hund sich bewegt. Dazu gehört auch, dass man das Gegenüber beobachtet, denn oft sind die Signale so fein und schnell, dass sie am anderen Hund und dessen Reaktion viel leichter abzulesen sind als am beobachteten selbst.

Meistens treten die Tiere also eher offensiv oder eher defensiv auf. So kann der Hund sich zwar sehr aufrecht mit hochstehender Rute und angespannter Muskulatur darstellen, doch sein Blick kann trotzdem eher ungerichtet sein. Oder der Hund droht mit kurzen Mundwinkeln und gerichtetem Blick, doch nach »hinten hin« verlässt ihn der Mut, sodass die Rute eher unter den Bauch gezogen ist und der Gesamteindruck eher distanzvergrößernd wirkt.

Wer die Einzelelemente erkennt und die Mischmotivation als Handlungsspielraum wahrnimmt, kann besser auf die Intention des Hundes eingehen und daraus möglicherweise effektivere Trainingsansätze ableiten. Wann immer man kann, lohnt es sich, solche Begegnungen – beispielsweise in einer kontrolliert inszenierten Begegnung – mit einer Kamera zu filmen, die in *slow motion* wiedergeben kann. Das trainiert einerseits das Auge, hilft aber andererseits vor allem dabei, ein möglichst vollständiges Bild der Signale zu erhalten, die ein Hund ausgesandt hat. In einer Aufnahme einer älteren Labradorhündin, die erst seit einigen Monaten heftig auf sich nähernde Hunde reagierte, zeigte sich, dass die Hündin in der Attacke nicht nur deutlich defensive und offensive Signale zeigte, sondern auch beide Hinterläufe stark nachzog und der Rückstellreflex (auch Korrekturreaktion genannt – die Pfote des Hundes wird mit dem Rücken auf den Boden aufgesetzt – ein neurologisch gesunder Hund korrigiert diese Stellung innerhalb einer halben Sekunde) nicht mehr angemessen funktionierte. Ein Besuch beim Tierarzt brachte die Diagnose: arthritische Veränderungen im Hüftbereich, die der Hündin starke Schmerzen bereiteten und sie dazu veranlassten, sich andere Hunde vom Leib halten zu wollen. Mit einer Behandlung und der umsichtigen Handhabung von Hundebegegnungen konnte das Problem zufriedenstellend behoben werden. Dieses Beispiel zeigt, dass Mischmotivationen einen Hintergrund haben, der den Ansatz für die Behebung des Verhaltens beeinflussen kann.

Rassebesonderheiten

Der Mensch hat dem Hund in den rund 30 000 Jahren, die seit den Anfängen der Domestizierung vergangen sind, züchterisch einiges mitgegeben. Unterschiedlichste anatomische Merkmale stehen dabei speziellen Verhaltensmerkmalen gegenüber oder wirken zusammen. Es gibt riesige Hunde und sehr kleine, fast nackte und extrem stark behaarte, solche mit viel und solche mit wenig Haut, Stehohren, Kippohren, Schlappohren, lange Nasen, kurze Nasen und noch vieles mehr. Während bei einigen Arten das aggressive Potential züchterisch reduziert wurde, wurde es bei anderen gefördert. Bei den einen bezieht es sich auf innerartliche, bei anderen auf zwischenartliche Aggression. Bei einigen Rassen war der Aggressionsbereich des Verhaltens nie im züchterischen Fokus (beispielsweise wenn die Hunde sowieso einzeln und nicht in der Familie gehalten wurden) und einige Rassen sind heute derart »verzüchtet«, dass man ihr Verhalten kaum noch wahrnehmen kann, weil sie es anatomisch bedingt nicht mehr zeigen können. Das Spektrum der möglichen Verhaltensbesonderheiten ist groß, es lohnt sich dennoch, sich mit der ursprünglichen Verwendung einer Rasse oder ihren Eigenheiten generell zu beschäftigen.

Wichtig bei der Deutung der Körpersprache eines Hundes ist es, zu berücksichtigen, welcher Rasse der Hund angehört, da viele Hunde »bauartbedingt« bestimmte körpersprachliche Signale nicht oder weniger ausgeprägt zeigen können. Am besten lässt sich das erläutern, indem man sich stellvertretend einige Rassen anschaut – es sei allerdings an dieser Stelle betont, dass anatomische Besonderheiten nicht bedeuten, dass Hunde dieser Rassen nicht kommunizieren könnten oder generell aggressiver als andere wären. Sie dienen hier beispielhaft dem Aufzeigen bestimmter Merkmale und dem Training des Beobachters, weil es wichtig ist, sich solcher Unterschiede bewusst zu sein, um möglichst objektiv beurteilen zu können, wie und warum sich ein Hund gerade verhält.

Einerseits gibt es anatomische Besonderheiten, die einen Einfluss auf das Verhalten und/oder die Kommunikation eines Hundes haben: Deutsche Doggen gehören zu den Molossern und sind bekanntermaßen eine sehr große Hunderasse. Neben vielen gesundheitlichen Problemen, die diese Größe mit sich bringt, haben sie heute oftmals eine übermäßig starke Faltenbildung im Bereich des Gesichts, die auf eine Vermehrung der Haut zurückzuführen ist. Sie können deswegen so stark belefzt sein, dass selbst bei massivem Drohen kaum Zähne zu sehen sind – gerade das wäre aber der Grund, warum Hunde, wenn sie drohen, ihre Lefzen anheben: Sie zeigen ihre »Waffen«. Die Dogge kann in diesem Fall die Haut um den Maulbereich nicht weit genug anheben und eine durchaus ernsthafte Drohung kann so möglicherweise ihre Wirkung nicht entfalten.

Die Ohren sind eine weitere anatomische Besonderheit – züchterisch wurde der knorpelige Anteil der Ohrmuschel bei einigen Rassen derart reduziert, dass ihre Ohren schlaff herabhängen. Hinzu kommt noch eine Vergrößerung der Struktur, die mit einem Gewicht einhergeht, das von der Muskulatur, die für das Stellen der Ohren gedacht ist, nicht mehr ausreichend getragen werden kann. Bassets werden beispielsweise die Ohren nur minimal einsetzen können. Gerade in der Unterscheidung zwischen einem offensiv- und einem defensiv-aggressiven Verhalten kann aber die Stellung der Ohren ein guter Anhaltspunkt sein. Bei Rassen mit derart betonten Ohren lässt sich deren Stellung aber in der Bewegung nicht mehr sicher erkennen – weder für den Menschen noch für den Hund.

Spitzartige vereinen gleich mehrere züchterische Veränderungen, die das Lesen und Kommunizieren erschweren: Viele Rassen haben ein langes, oft abstehendes Fell. Ob sie ihr Rückenfell aufstellen, lässt sich in einigen Fällen nur schwer beurteilen. Typisch für Spitze ist außerdem die hoch getragene Rute. Ein Hund, der seine Rute hoch trägt, sagt damit etwas aus: ein Nach-vorn-Richten verstärkt Elemente eines offensiven Verhaltens. Nicht ungewollt wurde bei einigen, vor allem den asiatischen Spitzen ein weiteres Merkmal züchterisch hervorgehoben: die steile Hinterhand. Darunter versteht man, dass das Hinterbein im Bereich des Knies und der Ferse wenig abgewinkelt ist und sehr gerade wirkt (und ist). So eine Beinstellung ist, wenn sie vom Hund genutzt werden kann, Teil des Imponierverhaltens, bei dem die Hinterhand so weit wie möglich durchgestreckt wird, um größer zu erscheinen. Ein imponierender Hund trägt ebenfalls seine Rute so hoch wie möglich und stellt das Fell entlang des Rückenkamms auf, um zu beeindrucken. Spitze wirken auf andere Hunde, die ihre normale Haltung als körpersprachliche Botschaft verstehen, demzufolge erst einmal imponierend und damit eher offensiv.

Bestimmte Hunderassen geraten aufgrund ihrer rassetypischen Besonderheiten schneller in Konflikte als andere. Ein besonders krasses Beispiel dafür ist der American Akita Inu, ein Hund, der züchterisch gewollt körpersprachlich immer imponierend auftritt, er läuft fast auf Zehenspitzen, sein Fell wirkt wie aufgerichtet, er hat einen stolzen, sehr hohen und aufrechten Gang und einen klaren, fast bedrohlichen Blick. Wenn man diese Hunde nicht kennt, wird man sie immer falsch einschätzen, wobei man auch nicht außer Acht lassen sollte, dass Duffy et al. (2008) und Konno et al. (2015) für Akita Inus eine signifikant erhöhte (Artgenossen-)Aggression gegenüber unbekannten Hunden fanden. Anders sieht es bei Rassen wie dem Dobermann oder dem Bullterrier aus, denen mutmaßlich die Gesichtsmimik förmlich »weggezüchtet« wurde. Selbst Besitzer von Bullterriern, die ihre Tiere jahrelang kennen und studieren, bestätigen, dass manche Reaktionen nur durch besondere Blicke gekennzeichnet sind. Hunderassen, die nur über eine solch eingeschränkte Mimik verfügen, oder aber zum Beispiel die brachyzephalen Hundetypen (also kurznasigen Hunde), die aufgrund der damit einhergehenden Kurzatmigkeit röchelnd-hechelnde Geräusche von sich geben, wie auch Hunde mit starker Belefzung oder übermäßigen Falten werden schneller Opfer falsch verstandener Kommunikation. Sie sind oft die Opfer von Angriffen ohne Provokation.

Beispiele

Möchte man die Ansätze von Tinbergen und Zimen anwenden, dann lässt sich das an einem Beispiel am besten verdeutlichen: Gegeben sei eine aggressive Begegnung zweier Hunde. Möchte man beurteilen, weshalb sich diese Begegnung so ereignet hat, kommt man nicht umhin, sich Hintergrundinformationen zu beschaffen. Tinbergens erste Frage verlangt nach der Erörterung der unmittelbaren Ursache: Zwei Hunde trafen unangeleint auf einem Spazierweg aufeinander. Beide sind intakte Rüden. Der Fünfjährige wird – wie jeden Mittag – hier spazieren geführt. Der Anderthalbjährige ist in dieser Gegend erst seit einigen Wochen unterwegs, da seine Halter gerade erst in die Region gezogen sind. Die beiden Hunde haben sich noch nicht gesehen, gegebenenfalls aber über Markierungen schon gerochen.

Um Tinbergens zweite Frage nach dem unmittelbaren Nutzen zu beantworten, ist es sinnvoll, sich mit den Körpersignalen der beiden Rüden zu befassen. Nachdem der junge Rüde defensiv auf die offensive Annäherung des älteren reagiert hatte, hatte der junge den Platzhirsch dabei beobachtet, wie er zuerst einen Busch am Wegrand markierte und dann ausgiebig wetzte. Bei der nächsten Annäherung des älteren Rüden zeigte der junge Imponierverhalten, das gleichermaßen beantwortet wurde. Beim letztendlichen Kampf spielte das Revier und das Geschlecht des Gegenübers eine Rolle. Nach Zimen ist es naheliegend, das aggressive Verhalten in den Funktionskreis des Sexual- und Fortpflanzungsverhaltens zu stellen, denn auch der Konflikt mit Kontrahenten gehört hierher. Der unmittelbare Nutzen für beide Individuen war das Taxieren der Stärke des Kontrahenten.

Imponierverhalten und Kommentkämpfe sind, um sich mit der dritten Frage Tinbergens zu befassen, wertvolle Ritualisierungen, die nicht unmittelbar die Gefahr der Verletzung oder des Todes bedeuten. Stärke und Überlegenheit kann gezeigt und gesehen werden.

Tinbergens vierte und letzte Frage verlangt nach der Betrachtung der individuellen Entwicklung. Betrachtet man die Ontogenese einzelner Hunderassen, dann besteht die Möglichkeit, dass ein Rüde von anderthalb Jahren noch nicht ausgewachsen ist. Es macht Sinn, die beteiligten Rassen genauer zu beleuchten. Als individuelle Entwicklung könnte man hier aber auch anbringen, dass der zweite Rüde neu in der Region ist. Möglicherweise beansprucht er das Territorium ebenfalls für sich, während der ältere Rüde es sicher tut.

Betrachtet man diese einzelnen Aspekte, dann wird klar, dass dieser Konflikt eine völlig normale Verhaltenssequenz war. Hätten die Halter vorausschauend gehandelt, hätte er vermutlich verhindert werden können.

Aggressive Kommunikation als Konfliktvermeidung

Im Vergleich zwischen Wolf und Hund fällt dem aufmerksamen Beobachter eines auf: Betrachtet man Wölfe untereinander, dann wirken ihre Gesten, Handlungen, die gesamte Kommunikation zwischen den Individuen besonders imposant. »Wölfisch« ist ein Begriff, der sich etabliert hat, wann immer ein Verhalten besonders deutlich gezeigt wird: Da werden Mäuler aufgerissen, alle Zähne gezeigt, die Ohren sind flach angelegt; ein Wolf (oder Hund) wirft sich auf den Boden, während ein anderer fletschend über ihm steht. In der Ethologie spricht man bei diesen Verhaltensweisen von durch Ritualisierungen entstandenem Ausdrucksverhalten. Es gibt im Bereich der aggressiven Kommunikation eine große Palette an Ausdrucksverhalten, das dem eigentlichen, körperlichen Konflikt vorangeschoben werden kann, um eine tatsächliche Verletzung oder den vermeintlichen Tod zu vermeiden. Ja, besonders im aggressiven Bereich wird die Sinnhaftigkeit des Ritualisierungsprozesses deutlich.

Displays, wie Ausdrucksverhalten heute auch genannt werden (der Begriff kommt aus dem Englischen und lässt sich mit »Darstellung« oder »Schaustellung« am besten übersetzen), entstanden im Lauf der Evolution einer Art aus einst funktionellem Verhalten durch Betonung und Überzeichnung und wurden so zum Kommunikationsmittel. Der Kommentkampf, bei dem zwei Tiere Ersatzhandlungen vollziehen, um die Stärke des anderen zu ermitteln, ohne explizit Verletzungen zu riskieren, ist das klassische Beispiel für ein ritualisiertes Verhalten. Ausdrucksverhalten fängt aber schon viel früher an – das Aufreißen des Mauls in überbetonter Form mit Blecken der Zähne und Runzeln des Nasenrückens hat seinen Ursprung im tatsächlichen Angriff, für den ein Wolf nun einmal die Zähne nutzt.

Interessanterweise ist es so, dass Hunde nicht mehr über so eine breite Palette und so ein weites Spektrum an Ausdrucksmöglichkeiten verfügen wie Wölfe (Zimen, 1992). Das kann daran liegen, dass es für das Leben mit Menschen weniger notwendig war, sich durch körpersprachliche Mittel verständlich zu machen – sich dafür aber das Bellen in den verschiedensten Nuancen entwickelte –, oder daran, dass der Mensch die Überbetonung als Verhaltensweise bedrohlich fand, weil der Mensch ritualisiertes Verhalten durch sprachliche Kommunikation ersetzen kann, und, vermutlich mehr unbewusst als gezielt, so selektierte, dass es zu einer Verminderung dieser Verhaltensweisen kam. Hinzu kommen die durch Domestikationsprozesse und Rassezucht entstandenen Veränderungen, die es einem Hund unmöglich machen können, auf das volle Spektrum der kommunikativen Möglichkeiten zurückzugreifen. Für Hunde bedeutet das auch, dass ihnen im Vergleich zum Wolf weniger Möglichkeiten bleiben, einen Konflikt durch Ausdrucksverhalten zu lösen. Das bedeutet allerdings nicht, dass Hunde sich nicht mitteilen könnten.

Sowohl in der Konfrontation mit dem Menschen als auch in der mit Artgenossen dient das aggressive Ausdrucksverhalten in den meisten Fällen der Vermeidung und der – unblutigen – Lösung von Konflikten. Damit das funktionieren kann, ist es zwingend erforderlich, dass der Hund über entsprechend weitreichende Lernerfahrungen im Umgang mit Artgenossen und Menschen verfügt. Nur wenn ihm ausreichend Lösungsstrategien zur Verfügung stehen, wenn er die Möglichkeit hatte, die angeborenen Ritualisierungsfähigkeiten zu verfeinern und die Signale seines Gegenübers auch richtig deuten kann, ist er in der Lage, angemessen zu agieren und zu reagieren, um Konflikte gewaltfrei austragen zu können. Je weniger dieser Strategien ein Hund kennt, desto größer ist die Wahrscheinlichkeit, dass er irgendwann die Eskalation als Ausweg wählt, weil ihm die Alternativen fehlen.

Als strittig wird immer wieder diskutiert, ob Verhaltensweisen, die ihren Ursprung eindeutig in der Kommunikation mit Mitgliedern des eigenen Verbandes haben, auch auf die zwischenartliche Ebene übernommen werden können. Dabei stellt sich wieder die Frage, als was ein Hund einen Menschen wahrnimmt. So haben beispielsweise Forscher aus Japan herausgefunden, dass schon ein intensiver Blickkontakt zwischen einem Hund und seinem Halter reicht, um die Menge des ausgeschütteten Bindungshormons Oxytocin ansteigen zu lassen (Nagasawa et al., 2015). Oxytocin ist das Hormon, das in der Partnerschaft zweier Menschen eine Rolle spielt und eine Mutter besonders stark an ihr Kind bindet. Eigentlich ist es ein intraspezifisches Hormon, der Stärkung der Verbindung zwischen Artgenossen dienend. Dass dieser Prozess auch zwischen Hunden und ihren Besitzern stattfindet, ist bemerkenswert – die Erforschung des Ausmaßes der Domestikation des Hundes und warum sich ein Hund einem Menschen gegenüber so verhält, wie er es tut, hat gerade erst begonnen. Auf die Praxis bezogen zeigt sich, dass vor allem im Aggressionsbereich eine strikte Unterscheidung daher nicht sinnvoll ist.

Im Folgenden werden einige Verhaltensweisen und -kontexte betrachtet, die verhaltensbiologisch im Rahmen aggressiven Verhaltens zu finden sind.

Das böse D-Wort: Dominanz

Kaum ein Begriff ist in der Hundewelt so missverstanden, verpönt und zugleich umstritten wie der der *Dominanz*. Bei Dominanz denken wir als Menschen automatisch daran, dass jemand sein Gegenüber unterbuttert und sich gefügig hält. Und während die einen steif und fest behaupten, dass ihr Hund sehr dominant, »ein Alpha« sei, lehnen andere den Begriff kategorisch ab und behaupten, dass es

Dominanz gar nicht gebe. Der Begriff hat seinen Ursprung auch in dem lateinischen Wort *dominus*, dessen Übersetzung – neben einigen anderen – auch »Herrscher« und »Gewalthaber« ist. Sogar innerhalb der Biologie wird der Begriff unterschiedlich verwendet – eine dominante Art ist eine, die ein Ökosystem beherrscht.

Dominanz ist im hier genutzten Zusammenhang aber mehr ein Mittel als ein eigenständiges Verhalten und beschreibt eine viel feinere Kommunikation. Wenn einer den anderen am Weitergehen hindert, entweder körperlich oder durch Blicke. Wenn einer den anderen »stellt«, ihn auf den Boden drückt und jede Bewegung dort bestraft. Zwicken in der Bewegung, das Verwehren eines Gegenstandes – Dominanz ist ein Mittel zum Zweck und wird in einer Beziehung zeit- und situationsabhängig verwendet, um eine Klärung zu schaffen. Dominanz gibt es in einer Beziehung da, wo sie ein Hund anwendet und ein anderer sie akzeptiert. Dominanz ist im übertragenen Sinne das »Bitte«, das wir an die Essensbestellung anhängen. Es ist die Forderung nach dem Aufräumen des Zimmers, bevor es Taschengeld gibt. Es geht um das Überprüfen der Kooperationswilligkeit und Fügungsbereitschaft eines Individuums in die, im weitesten Sinne, soziale Gemeinschaft. Es geht auch um das Austragen von Konflikten über stellvertretende Situationen, die eine generelle Einstellung zu einem Thema verdeutlichen sollen. Genau wie Menschen sind Hunde die domestizierten Varianten eines hoch sozialen Lebewesens, dem Wolf, und leben in Familien- oder Gruppenverbänden. Sie sind in der Lage, komplex zu kommunizieren, und dazu gehört auch Dominanzverhalten.

Der Begriff der Dominanz beschreibt innerhalb einer Gruppe die Beziehung zwischen zwei Individuen und trifft keine Aussage über die Qualität der Beziehungen, die die beiden Individuen insgesamt oder mit anderen pflegen. Rex, der Ben dominiert, wird vielleicht wiederum von Hasso dominiert. Oder Ben dominiert Rex – an einem anderen Tag oder in einer anderen Situation. Zu einer Dominanzbeziehung gehört immer ein Individuum, das sich subdominant verhält, und die Konstellation kann variieren oder sich gegebenenfalls sogar umkehren. Das Dominanzverhalten hat erst einmal nichts mit Aggression im Sinne von »immer gewinnen müssen« oder »alle beherrschen müssen« zu tun. Ein ranghoher Hund zeichnet sich auch durch die Souveränität aus, sich in solchen Situationen durchzusetzen, in denen es wichtig ist. Ansonsten kann er auch einmal »fünf gerade sein lassen« und den rangniederen Hund gewähren lassen. Der ranghohe Hund muss also nicht jedes Mal einen Kauknochen oder einen erhöhten Liegeplatz für sich beanspruchen, es reicht völlig aus, wenn er über die schönen Dinge verfügen kann, wenn ihm danach ist.

Als einfach und durchgehend harmlos kann man dominantes Verhalten dennoch nicht bezeichnen – es ist, so wie der Sozialverband an sich, komplex. Es macht einen Unterschied, welchen Geschlechts und welchen Alters das Gegenüber ist, wie der hormonelle Status ist und der gesundheitliche. Das Potenzial dominanten Verhaltens zwischen zwei Rüden gleicher Statur und körperlicher Fitness, sich von einem stellvertretenden Konflikt in einen tatsächlichen zu verschieben, ist wesentlich größer als das zwischen einem Rüden und einer Hündin, die sich als Paar im Sinne der Fortpflanzung wahrnehmen.

Die Summe aller Dominanzbeziehungen innerhalb eines Verbandes gibt den Beteiligten Aufschluss über ihren Status in der Rangordnung, in der sie leben, und ist damit eine wichtige Orientierungshilfe.

Im Erziehungsbereich zwischen Halter und Hund kommt es oftmals zu Missverständnissen, weil der Sinn von Verhaltensrichtlinien aus diesem Bereich nicht verständlich vermittelt wird. Sei es nun die Aussage, dass der Hund erst nach seinem Halter durch die Tür gehen soll oder der Halter vermeiden soll, über den im Weg liegenden Hund zu klettern, und ihn stattdessen lieber verscheuchen soll. Ähnlich verhält es sich mit dem Fixieren des Hundes am Boden oder dem Liegen auf dem Sofa. Missverständnisse entstehen, wenn der Halter glaubt, er müsse diese Verhaltensweisen als Regeln befolgen – deutlich wird der Sinn solcher Aussagen erst, wenn ein Hund, der sich tatsächlich als ranghöher als der Halter wahrnimmt, diesen Konflikt annimmt und die vom Menschen aufgestellte Regel anzweifelt. Die Frage ist nicht, ob ein Hund sich in einer entspannten Situation davon abhalten lässt, durch die Haustür zu stürmen, bevor sein Besitzer es erlaubt hat – die Frage ist, ob er sich auch dann einschränken lässt, wenn auf dem Gehweg ein anderer Hund läuft, ein Kauknochen liegt oder diese Einschränkung mehrere Male hintereinander wiederholt wurde, sodass der Hund erkennt, dass es nicht um das Verlassen des Hauses geht, sondern um das Durchsetzen einer Regel. Das Gros der Hunde wird sich beeindrucken lassen und wird diese spontan aufgestellte Regel akzeptieren oder durch eine solche Übung verstehen, dass sie die Regeln des Besitzers akzeptieren müssen – ein Hund, der sich als ranghöher empfindet oder gar bereits eine statusbedingte Aggression entwickelt hat, wird das mit einiger Wahrscheinlichkeit nicht.

Prinzipiell sollte man also weder Übungen aus diesem Bereich verteufeln noch sollte man Dominanz als Teil sozialer Strukturen ächten – es sind die Nuancen und Kontexte, die diese Verhaltensweisen relevant werden lassen, wenn es um aggressives Verhalten geht.

Dominanz ist ein Mittel, das zuerst in der eigenen sozialen Gemeinschaft angewandt wird – wenn sich fremde Hunde begegnen oder sich ein Hund einem fremden Menschen gegenüber präsentiert, dann muss zuerst geklärt werden, wer welche Ansprüche stellen kann, und man beobachtet dann imponierendes Verhalten. Aber den dominanten Hund, den gibt es nicht – weil Dominanz keine Charaktereigenschaft ist. Es gibt nur Hunde, die eher bezweifeln, dass der Mensch das Sagen hat.

Imponierverhalten

Das *Imponierverhalten* (nicht nur) bei Hunden hat zweierlei Funktionen: Entweder soll es lockend wirken – dann richtet es sich meist von Seiten eines Rüden an eine Hündin –, oder es soll einen Rivalen auf Distanz halten. Es geht darum, sich zu präsentieren und dabei einen Eindruck zu vermitteln. Während das werbende Imponierverhalten »weich« wirkt, zielt das dem Aggressionsbereich zugeordnete darauf ab, sich in seiner ganzen Stärke zu präsentieren.

Wie der Kommentkampf basiert auch das Imponierverhalten auf einem Ritualisierungsprozess, der durch Überdeutlichkeit den eigentlichen Konflikt verhindern soll. Das Ausdrucksverhalten während des Imponierens ermöglicht es dem Kontrahenten, die Kraft des Gegenübers einzuschätzen und einen Kampf zu vermeiden.

Imponierverhalten ist wegen seiner ritualisierten Komponenten gut zu erkennen, besteht aber auch aus einer ganzen Reihe von Einzelverhalten, die in einer Sequenz gezeigt werden können oder aber auch einzeln genutzt werden. Nicht immer ist ein imponierender Hund tatsächlich imposant oder hält sich dafür – Imponiergehabe wird auch von unsicheren Hunden gezeigt, die mit dieser Taktik Distanz zu anderen Hunden schaffen wollen. Es hängt dann immer auch von der Erfahrung und der Souveränität des Gegenübers ab, ob das Verhalten seinen Zweck erfüllt oder eher provoziert und dann eher eskalierend wirkt.

Beim eigentlichen Imponiergehabe macht sich der Hund so groß wie möglich, indem er die Beine voll durchstreckt – besonders deutlich erkennt man das an der Hinterhand, sofern es keine Rasse ist, deren hintere Beine bereits rassebedingt voll durchgestreckt sind, wie es bei vielen asiatischen Rassen der Fall ist. Wenn der Hund ausreichend langes, aber auch nicht zu langes Fell hat, wird er die Haare entlang der Rückenlinie aufstellen, um noch größer zu erscheinen, den Kopf aufrecht tragen und die Ohren spitzen. Die Bewegungen sind überdeutlich verlangsamt und die Muskulatur wird angespannt, weswegen der Hund in dieser Situation »hart« wirkt. Der Kontrahent wird nicht direkt angeschaut, denn im Grunde soll das Imponieren allein schon klären, wer der Stärkere ist, und so ein Kampf verhindert werden.

Auch das Markieren und Scharren gehört zum Imponierverhalten. Die Körperhaltung ist dabei ähnlich, die Bewegungen sind eher verlangsamt. Markiert wird, wo immer es gerade strategisch sinnvoll erscheint; ein Rüde streckt dafür ein Bein so hoch wie möglich, um die Markierung so weit oben wie möglich zu platzieren – die Geruchsmarken werden dann noch durch Scharren erweitert. Beide Elemente können aber auch einzeln genutzt werden; das Scharren kann in seiner imponierenden Wirkung noch verstärkt werden, indem der Hund Blickkontakt sucht. Markieren und Scharren können auch mehrmals hintereinander am gleichen Ort genutzt werden, um mehr Wirkung zu erzeugen.

Die Grenzen zum Dominanz anzeigenden Verhalten scheinen dort zu verschwimmen, wo es um die Einschränkung der Bewegung des anderen geht. Die T-Stellung kann man sowohl im Rahmen dominanten Verhaltens als auch als imponierende Geste beobachten. Bei der T-Stellung stehen beide Balken, aus denen ein T als Buchstabe besteht, für die Position eines Hundes. Der quer liegende Balken entspricht dem Hund, der die Fortbewegung des anderen Hundes (gezeichnet als »I«, wenn man so möchte) verhindern will. Innerhalb einer Dominanzbeziehung wäre der Ausgang dieser Bewegungsblockade vorgegeben, denn zu einem Dominanz anzeigenden Hund gehört ein solcher, der sie annimmt und sich aus der Situation entfernt oder in ihr verharrt und sie damit akzeptiert. Beim Imponieren überprüft ein Hund, ob seine Präsenz ausreicht, um den anderen Hund zu hemmen. Nimmt das Gegenüber diese imponierende Geste nicht an, kommt es häufig zum Umkreisen, bei dem die Anogenitalkontrolle von einem gefordert und vom anderen verwehrt wird. Und das wiederum trifft auf beide Hunde zu, bis einer einlenkt.

Gesteigert wird Imponieren und ist dann auch mit mehr Dynamik verbunden, wenn ein Hund dem anderen den Kopf oder die Pfote auf den Rücken auflegt. Je mehr Dynamik in das Imponieren einfließt, desto wahrscheinlicher wird der Übergang zu gesteigert aggressiverem Verhalten. Gerade wenn fremde Hunde aufeinandertreffen, sollte man auch immer im Auge behalten, welchen Hintergrund sie haben und wie der allgemeine Kontext ist. Das *ressource holding potential* (also die Bereitschaft, für eine Sache zu kämpfen) eines intakten Rüden, der im Alltag mit einer intakten Hündin zusammenlebt, ist ein anderes als das eines allein lebenden Rüden (Nelson, 2006). Ersterer kann – für das menschliche Auge – einem anderen Rüden also körperlich unterlegen erscheinen, hat aber im Hintergrund einen Status zu verteidigen, der an wesentlich höhere Werte, nämlich die Hündin, gebunden ist. So ein Rüde kann möglicherweise nicht einfach klein beigeben, auch weil er nicht wissen kann, dass der fremde Rüde in Zukunft gar nicht um diese Hündin konkurrieren wird, weil er sie möglicherweise nie kennenlernen wird. Es ist wichtig, sich solcher Hintergrundinformationen und ihrer Wichtigkeit für den Hund bewusst zu sein, um Verhalten richtig einschätzen und Risiken möglichst gut abschätzen zu können.

Demutsverhalten und Beschwichtigungssignale

Es ist eine Krux mit den Begriffen, wie wir sie verwenden, wie wir sie verstehen und was wir mit ihnen verbinden. Demuts- oder auch unterwürfiges Verhalten wird wie kaum ein anderes Verhalten unserer Hunde gern falsch verstanden, weil wir in unserer modernen, selbstbestimmten Gesellschaft heute eine Idee davon haben, was

Demut und Unterwürfigkeit sind und bedeuten. Dass wir dabei allzu oft vermenschlichen, fällt uns nicht auf. Mal freut sich der Hund vermeintlich, mal hat er »ein schlechtes Gewissen« und manchmal wird ihm sogar Angst unterstellt.

Vorab sollte man sich bewusst machen, dass das Verhaltensrepertoire des Hundes in diesem deeskalierenden, konfliktvermeidenden Bereich groß ist und eine Reihe von Stufen umfasst, die eingesetzt werden können, um die eigene Intention zu verdeutlichen. Das fängt bei kleinen Gesten wie dem Wegdrehen des Kopfes und den Blick vom Gegenüber wegnehmen an und endet – viel dramatischer – bei panischen Beißattacken, deren Ziel es ist, das eigene Leben zu bewahren. Dazwischen ist ein weites Feld und ein sehr großer Anteil davon entspricht dem, was man bei Menschen einer Unterhaltung gleichsetzen könnte.

Wollte man demütiges oder unterwürfiges Verhalten, wie es von Hunden genutzt wird, auf den Menschen übertragen, dann könnte man – um den Normalzustand im Parallelen zu beschreiben – sich vielleicht folgende Situation vorstellen: Ein Angestellter benötigt recht kurzfristig eine Woche Urlaub und ist darauf angewiesen, dass der Chef diesen bewilligt. Der Angestellte könnte nun entweder ohne zu klopfen bei seinem Chef in dessen Büro poltern, ihm den Telefonhörer aus der Hand nehmen und auflegen, sich groß machen, die Brust rausstrecken und bestimmt die Hände in die Hüften stemmen, während er sagt: »Nächste Woche bin ich nicht da. Alles klar?« Oder er lässt sich einen Termin geben, klopft pünktlich an die Bürotür seines Chefs, wirft ihm einen fragenden Blick zu, wenn jener noch telefoniert – als Angebot, aus Diskretion vor der Tür zu warten. Und fragt schließlich: »Ich weiß, dass das wirklich kurzfristig kommt, aber ich brauche eine Woche Urlaub – ginge das, wenn ich eine Vertretung organisiere?« Er würde derweil vielleicht etwas zusammengesunken in seinem Stuhl sitzen, freundlich lächeln, und ja, vielleicht würde er sogar den berühmt-berüchtigten Dackelblick aufsetzen, um sein Ziel zu erreichen.

Kurzum, es gibt Autoritäten, die auch wir beachten und annehmen – und dann aus den verschiedensten Gründen mit Höflichkeit und Freundlichkeit reagieren. Wenn man wollte, wäre es für das Verständnis für das Verhalten von Hunden möglicherweise sogar sinnvoll, davon zu sprechen, dass sie sich höflich verhalten, anstatt von demütig oder unterwürfig zu reden. Hunde können nicht siezen, sie lächeln nicht und vor allem können sie nicht reden. Höflichkeit im Sinne eines harmonischen Zusammenlebens drücken sie über beschwichtigende Gesten aus. Und ähnlich wie der Angestellte im obigen Beispiel verfolgen sie selbstverständlich auch eigene Ziele – natürlich möchten sie keinen Urlaub anmelden, aber vielleicht möchten sie etwas Fressbares haben oder einfach ihren Willen durchsetzen, wenn es darum geht, auf dem Sofa schlafen zu können. Ja, sie sehen dann zum Teil wirklich elend aus, wie sie sich klein machen, kriechen, ducken oder auf den Rücken werfen. So drücken sich Hunde nun einmal aus – täten sie es nicht, käme das der ersten Variante aus dem obigen Angestellten-Beispiel gleich und würde sicher zu Konflikten zwischen Hund und Halter führen.

Die submissiven, also die beschwichtigenden und demütigen bzw. unterwürfigen Verhaltensweisen entspringen teilweise dem infantilen (kindlichen) Verhalten, das der Welpe seiner Mutter oder erwachsenen Familienmitgliedern gegenüber zeigt. Hierzu gehören das Pföteln, das Maulwinkelstoßen auf der einen und das Darbieten der Bauchregion auf der anderen Seite. Der Welpe tritt mit der Pfote gegen das Gesäuge der Mutter und bringt damit sozusagen die Zapfanlage in Betrieb, um Milch zu bekommen. Beim Maulwinkelstoßen berührt der Welpe mit seiner Schnauze den Maulwinkel der Mutter, damit sie Futter hervorwürgt. Das wird übrigens auch von Welpen gezeigt, deren Mutter nie so füttert. Die meisten Hündinnen verlassen sich heutzutage auf uns Menschen, die Futter bringen. Nur ursprüngliche oder ursprünglich lebende Hündinnen würgen noch Futterbrei hervor, der die erste andere Nahrung nach der Muttermilch für die Welpen ist. Das Bauchdarbieten wiederum zeigen Welpen, damit die Hündin durch intensives Lecken dieser Region die Verdauung anregt und die Abgabe von Ausscheidungen ermöglicht – wie bei vielen anderen Säugetieren auch ist diese Massage anfangs notwendig, damit das Jungtier ausscheiden kann.

Im Zuge ihrer Entwicklung findet eine Funktionsänderung dieses Verhaltens statt und die Hunde zeigen das Verhalten fortan als Beschwichtigungsverhalten, das nochmals in aktive und passive Demutsgesten unterschieden wird. Die aktiven Demutsgesten sind das Pföteln und das Maulwinkelstoßen mit viel Bewegung, die der Hund seinem Gegenüber meist proaktiv zeigt. Passive Demutsgesten werden durch einen anderen Hund ausgelöst und sind eher passiv: ausweichen, hinlegen, Kopf wegdrehen, kaum Bewegung, ausharren und stillhalten. Die Motivation für dieses Verhalten wird häufig erst durch das Folgeverhalten ersichtlich. Mal zeigt sich der Hund demütig, um konfliktvermeidend aufzutreten, in vielen Fällen nutzt er die Submission jedoch auch, um sich zum Beispiel eine Ressource zu sichern, ein Spiel anzuzetteln oder sich ganz aufdringlich dreist einen tollen Platz zu erobern. Manche Hunde zeigen aktive Demutsgesten derart penetrant, dass ihr Gegenüber sie wegbeißt oder irgendwann entnervt abzieht.

Dorit Feddersen-Petersen (2008) hat die Elemente der Submission als Ausdrucksverhalten sorgfältig und übersichtlich aufgelistet. Wenn man den Formen deeskalierenden Verhaltens eine Gewichtung geben wollte, dann könnte das folgendermaßen aussehen (siehe Kasten), wobei man nie umhin kommt, das Verhalten des Hundes in dem jeweiligen Kontext zu betrachten, und die Übergänge fließend sind:

Submission (Unterwürfigkeit) als »Aktive Demut«/»Passive Demut« (sensu Schenkel 1967; ergänzt nach Zimen 1971, Fox 1971, Bekoff 1978, Feddersen 1978, Feddersen-Petersen 1986, 2004) Ausdrucksregionen im Bereich des Kopfes und des Körpers mit den jeweils kennzeichnenden Ausdruckselementen/Signalen		
	AKTIVE DEMUT	**PASSIVE DEMUT**
Kopf	angehoben gegen den aufrecht stehenden Partner, oft leicht um eigene Achse verdreht gehalten, seitwärts oder leicht nach unten	mehr oder weniger tief nach unten bzw. gegen den eigenen Körper (»In-sich-Hineinkriechen«), vom Partner weggedreht (zur Seite)
Schnauze	gegen Mundwinkel des Partners nach oben gerichtet, leicht gesenkt oder zur Seite gerichtet (s. Kopfhaltung), leicht geöffnet, »Lecken« der Schnauze des Partners oder Aufwärtsstupsen gegen dessen Mundwinkel, »Licking intention« aus größerer Entfernung	mehr oder weniger tief nach unten bzw. gegen den eigenen Körper gedrückt, vom Partner weg (zur Seite, s. Kopf), geschlossen, leicht geöffnet, evtl. »Licking intention«
Lippen	sog. lange Mundwinkel, also zurückgezogen zum »submissive grin«, die Zähne überwiegend bedeckend	waagerecht zurückgezogen, in den Mundwinkeln leicht angehoben (»submissive grin«)
Ohren	vom Kopf abgespreizt mit abwärtsgerichteter Öffnung (angedeutet »dachziegelförmig«) oder seitlich dem Kopf angelegt bzw. zusammengefaltet dem Kopf eng angelegt, evtl. mit sich berührenden Spitzen	Wurzel nach hinten und unten bewegt, von der Mittellinie abgespreizt und deutlich horizontal gedreht (»dachziegelförmig«) oder dem Hinterkopf so eng angelegt, dass ihre Spitzen dorsal Berührung haben können
Stirn	Spannung der Stirnhaut, »hohe Stirn«: welpen- oder maskenhaft (wirkt infantil)	gespannte Stirnhaut, obere Kopfpartie erscheint glatt und groß

Augen	laterale Augenwinkel werden durch gespannte Stirnhaut seitwärts gezogen, Augen schmal und schlitzförmig	Augen werden zunehmend schmal
Blick	Blickkontakt zum Partner	Blickvermeidung
Haare	eng anliegend	anliegend oder zunehmendes Aufrichten bei zunehmender defensiver Gestimmtheit
Körperhaltung	geduckt, insgesamt niedrig oder Vorderkörper gegen den Partner gedrückt bzw. Schnauze gegen dessen Mundwinkel; dabei hohe Bewegungsintensität	Hinterteil hinuntergedrückt, Seiten- oder Rückenlage, Hockerstellung
Gliedmaßen / Gelenke / Bewegungen	gebeugt, eingeknickt (insbes. Hinterextremitäten beim Pföteln/Pfote-Heben), hopsende Bewegungen, Anspringen des Partners	Hockerstellung, Pföteln, in Rückenlage, Hinterbeine gespreizt, Anheben eines Beins bei Genitalkontrolle oder reaktiv auf Inguinalstupsen (als »Inguinal response«)
Schwanzhaltung / -bewegung	mehr oder weniger eingezogen, eingekniffen, S-Form oder gesenkt, zumeist hochfrequentes Wedeln bei niedriger Amplitude bei zunehmender Annäherung an den Partner (ganzer Hinterkörper kann »wedeln«)	eingeklemmt, evtl. zwischen die Beine geklemmt, dem Bauch anliegend; kein Wedeln
Vokalisation	Winseln, Fiepen, vielfältige Belllaute	keine oder Fiepen bzw. Schreien (Übergang in defensives Verhalten)
Urinieren	bei stark demütigem Ausdruck	oft in Rückenlage, seltener kriechend

Quelle: Feddersen-Petersen, Dorit: Ausdrucksverhalten beim Hund: Mimik und Körpersprache, Kommunikation und Verständigung, Kosmos-Verlag, 2008

Auch im Zusammenleben mit dem Menschen wird unterwürfiges Verhalten gezeigt – und oft wird es missverstanden. Wenn der Hund die Erfahrung gemacht hat, dass er dadurch etwas Positives (zum Beispiel Streicheln) erhält oder etwas Negatives (zum Beispiel Schimpfen, weil er Mist gebaut hat) verhindern kann, dann tut er genau das, wofür sich dieses Verhalten im sozialen Verband entwickelt hat. Versucht man als Halter, seinen Hund dahingehend zu behandeln, dass er so ein Verhalten nicht mehr zeigen »muss«, weil man es als nicht erstrebenswert interpretiert hat – besteht die Möglichkeit, dass es zu statusbedingten Konflikten kommt, denn nur ein statushoher Hund kann es sich erlauben, jegliche Höflichkeitsformen zu unterlassen. Wo ein Halter einen wohlwollenden Gedanken hatte, schafft er so also eine hochproblematische Situation, die allen Beteiligten Lebensqualität nimmt.

»Die sind so!« – Hunde unter sich

Dass es relativ selten zu ernsthaften Auseinandersetzungen zwischen Hunden kommt, verdanken wir der hohen Anpassungsfähigkeit unserer Vierbeiner und ihrem Talent, sehr fein miteinander zu kommunizieren. Während der Wolf in einem Familienverband lebt und ein Mitglied eines anderen Rudels eher nicht akzeptieren würde, würfeln wir wie selbstverständlich nicht miteinander verwandte Hunde zusammen, die obendrein gezwungen sind, sich ein Territorium zu teilen und mit dem Eindringling auf der Wiese noch zu spielen.

Unser Lebensumfeld allein bietet also schon genügend Zündstoff für Konflikte. Und trotzdem funktioniert es, der Siberian Husky spielt mit dem Mops und der Chihuahua schränkt den Labrador mittels offensiven Drohens ein. Doch es sind nicht nur die Äußerlichkeiten, die unsere Hunde im Zusammenleben meistens überbrücken können.

Auch verhalten sich die jeweiligen Hundetypen je nach Spezialisierung sehr unterschiedlich und finden trotzdem zusammen. Während der Border Collie seine Artgenossen mittels fixierenden Blicks vor sich hertreibt, spielen Molosser eher körperlich und Windhunde veranstalten Rennspiele.

Wenn Hunde sich ernsthaft etwas »zu sagen« haben, dann sind die Ursachen genauso vielfältig wie die Vierbeiner auch. Mit den folgenden Beispielen gehen wir auf Ursachenforschung und greifen damit einen Aspekt auf, den wir in diesem Buch schon mehrmals angesprochen haben: Der Kontext ist unerlässlich, wenn wir das Verhalten unserer Hunde analysieren und verstehen wollen. Dabei spielen bestimmte Eckdaten immer eine Rolle: das Geschlecht und ob der Hund kastriert ist, das Alter, der Gesundheitszustand, die Rasse oder Rassemischung, die Lebensumstände: Lebt der Hund mit anderen Hunden zusammen und, wenn ja, mit welchen? Befindet er sich in seinem Heimatgebiet oder ist er fremd?

Auf der einen Seite sind in den letzten Jahren die Stimmen der Kastrationsgegner lauter geworden, während es vor zwanzig Jahren noch unwidersprochen üblich war, einen Hund ab einem gewissen Alter zu kastrieren. Auf der anderen Seite gab es früher auch mehr Menschen, die ihren Hund einfach Hund sein ließen und sich gar keine Gedanken über eine Kastration gemacht haben. Das hat sich mit dem medialen Hype um Hundebisse stark verändert und besonders in städtischen Gebieten, wo sowohl Menschen als auch Hunde weniger Platz haben, sie selbst zu sein, wird dem Verhalten große Aufmerksamkeit geschenkt. Einerseits hat das dazu geführt, dass bestimmte Hunderassen und -typen mit Vorurteilen zu kämpfen haben, andererseits hat die Gegenbewegung argumentativ darauf gesetzt, das Verhalten der Hunde zu verharmlosen. »Der will nur spielen« und »Der tut nix« sind Aussagen, die mehr einem verzweifelten Wunsch gleichen und die dann, wenn man sich des Tieres, das man da führt, nicht mehr bewusst ist und sein Verhalten nicht rational einschätzt, leider hin und wieder auch mit diesem Satz kommentiert werden: »Das hat er ja noch nie gemacht.«

Man muss sich – ganz unromantisch – mit verschiedenen Aspekten rund um Hunde auseinandersetzen:

1. Intakte Hunde spiegeln das natürliche Bild eines Hundes eher wieder als kastrierte: Es geht um Fortpflanzung. Wenn es eine sexuelle Motivation gibt, gibt es immer ein großes Konfliktpotenzial zwischen zwei intakten, einander fremden Rüden. Das liegt in der Natur der Dinge. Intakte Hündinnen sind, abhängig von der Östrusphase, in der sie sich befinden, verträglicher.
2. Kastrierte Hunde sind – abhängig von dem Alter und dem Entwicklungsstand, in dem sie kastriert wurden –, streng genommen nicht relevant. Je früher die Kastration stattfand, desto weniger ist ihr hormonelles System gereift. Mitunter verfälscht sich ihr Geruch aber durch die Kastration auch und sorgt so unter potenten Hunden für Konfliktpotential.
3. Hunde, die in einer Gruppe leben, verhalten sich anders als Hunde, die allein gehalten werden. Noch viel mehr verhalten sich intakte Rüden, die in einer Gruppe gehalten werden, in der ebenfalls intakte Hündinnen leben, anders – sie sind konfliktbereiter, weil sie »mehr zu verlieren« haben. Dies ist hormonell bedingt und keine bewusste Entscheidung im engeren Sinne.
4. Es gibt Rassen, Typen und Individuen, die verträglicher sind, und solche, die es nicht sind. Es gibt Rassen, bei denen auf die Verträglichkeit mit anderen Hunden während der Selektion durch den Menschen geachtet wurde, solche, wo das nicht der Fall war, und solche, wo sogar auf Unverträglichkeit selektiert wurde. Ironischerweise wurden Pitbulls streng darauf selektiert,

andere Hunde zu bekämpfen – aber es wurde auch viel Wert darauf gelegt, dass diese Hunde keine Menschen attackieren: Das Publikum eines Hundekampfes und die Halter, die in den Kampf eingriffen, durften nicht angegriffen werden.

Diese Zusammenhänge sind den meisten Haltern nicht bewusst und auch einigen Trainern nicht: Bei der ersten Begegnung zweier Hunde, die sich nicht kennen, geht es zuerst darum, den anderen einzuschätzen – und dabei geht es dem jeweiligen Hund erst einmal darum, zu erkennen, ob vom Gegenüber Gefahr droht. Hunde sind wehrhafte Raubtiere, und auch wenn sie heute nicht mehr so leben, so gibt es doch rein biologische Mechanismen, die sicherstellen, dass ein Individuum sich nicht gedankenlos in Lebensgefahr begibt.

Von Leinenpöblern

Das aggressive Verhalten bei Artgenossenbegegnungen an der Leine ist wohl eines der häufigsten Probleme, über das Hundehalter klagen. Für Hundetrainer ist es oft die Königsdisziplin, es ihnen wieder abzugewöhnen. Gründe dafür gibt es mehrere bzw. unterschiedliche. Sehr häufig handelt es sich dabei um eine sozial motivierte Aggression. Wie bereits beschrieben, geht es hier um ein »gemeinsames Erlebnis«, bei dem der Mensch oder auch ein Hundepartner als Auslöser fungiert, und eine verteidigende Haltung im Sozialverband gegenüber fremden Menschen oder Artgenossen. Auch kann es zu umgelenkter Aggression kommen, während der der Hundepartner oder Mensch gebissen wird, weil man das Gegenüber nicht erreicht.

Oft ist es aber auch nur ein erlerntes Verhalten; verschiedene Schlüsselreize lassen den Hund glauben, es wäre notwendig und richtig, sich aggressiv zu gebärden. Ein typisches Beispiel verdeutlicht die Problematik:

Ein Mensch geht mit seinem Hund spazieren und sieht auf der Straße einen anderen Menschen mit Hund. Er weiß, dass sein Hund an der Leine »pöbelt«, und nimmt deswegen seinen Hund sicherheitshalber an die kurze Leine. Der Hund hat wiederum gelernt, dass dieses »Heranholen« bedeuten kann, dass ein Artgenosse in der Nähe ist, und beginnt mit zunehmender Anspannung, Ausschau nach einem Artgenossen zu halten (das ist die sogenannte *Appetenz*). Das »Heranholen« dient dem Hund als erster Schlüsselreiz. Den erhöhten Erregungszustand beantwortet der Hundebesitzer beispielsweise durch ein Kommando, beruhigende Worte oder eine Einschränkung, was den Hund ungewollt darin bestärkt, sich noch mehr aufzuregen, weil ihn ein weiterer Schlüsselreiz erreicht hat. Wenn eine gewisse Nähe in der Begegnung erreicht ist oder der fremde Hund eine entsprechende Reaktion zeigt, eskaliert die Situation und der Hund »beschimpft« seinen Artgenossen auf das Heftigste. Leinenpöbelei wirkt auch deswegen oft so unangemessen übertrieben.

All die Handlungen, die der Mensch unternimmt, um seinen Hund in den Griff zu bekommen, verstärken das Verhalten des Hundes. Paul Watzlawick definierte fünf Axiome der Kommunikation und eines davon lautete sinngemäß »Kommunikation ist kreisförmig«. Genau das trifft bei Leinenpöblern oft zu: Eine Handlung, die letztendlich einer körpersprachlichen Kommunikation entspricht, ergibt eine weitere – und solange keiner der Beteiligten einlenkt, spult sich das System aufwärts, bis die Lage eskaliert. In der Arbeit mit Menschen würde der Experte anregen, diesen Kreislauf zu durchbrechen, indem man etwas Unerwartetes tut. So könnte man einen Streit mit seinem Partner beenden, indem man zum Beispiel sagt: »Weißt du, eigentlich bist du mir viel zu wichtig, als dass ich deshalb mit dir streiten möchte.« Im Zusammenleben mit dem Hund ist ein solches Durchbrechen eines Kreislaufs mindestens genauso schwierig wie im

Leben mit einem wichtigen Menschen. Trotzdem kann man lernen, sich dem Konflikt zu entziehen. Zum Beispiel könnte man den Hund (gesichert!) mit seinem Konflikt einfach mal allein lassen (siehe Seite 82) – das wäre genau eine solche unerwartete Reaktion. Allerdings wäre das auf Dauer nicht zielführend, weil man als Hundehalter nicht ständig einen Zaun oder einen Baum in der Nähe hat, an dem man den Hund anbinden kann.

In bekanntem Terrain handelt es sich gegebenenfalls auch um eine territoriale Motivation, das heißt, der Hund duldet schlicht und ergreifend keine Artgenossen in seinem Revier und würde diese vertreiben, wenn er könnte (und dürfte). Das Territorium kann neben dem Zuhause auch die nähere Umgebung, der immer gleiche Spazierweg oder eben der Platz sein, an dem er sich gerade aufhält – es hängt sehr vom Hundetyp ab, wie lange es dauert, bis ein Hund einen Ort als sein Territorium ansieht. Natürlich kommt es auch vor, dass ganz abseits von hormonellen Höhenflügen eine gewisse Abneigung gegenüber Geschlechtsgenossen herrscht und das von weitem schon deutlich gezeigt wird.

Auch sexuelle Motivation kann eine nicht unwesentliche Rolle spielen, sei es, weil sich eine läufige Hündin in der eigenen Gruppe oder in der Nachbarschaft eines Rüden befindet und er jeden weiteren Rüden als Konkurrenten sieht. Hündinnen können – abhängig von ihrem hormonellen Status – verträglicher und unverträglicher sein. Hunde, die nicht kastriert sind und die in Gruppen leben, die sie selbst als soziale Gemeinschaft sehen, reagieren gewöhnlich feindlicher gegen fremde Artgenossen. Das ist ein vollkommen natürliches Verhalten, denn es sichert den Status in der eigenen Gruppe.

Wenn der Besitzer keinen Hundekontakt zulässt, pöbeln viele, vor allem allein gehaltene Hunde auch schlicht deshalb an der Leine, weil sie ohne »böse Hintergedanken« einfach sehr interessiert an ihrem Artgenossen sind. Der Frust, das Gegenüber, an dem man so interessiert ist, nicht erreichen zu können, führt dann zu aggressivem Verhalten. Es gibt Rassen, die sich weitaus besser für die Haltung als Einzelhund eignen als andere. Andererseits gibt es Rassen, denen man nachsagt, dass die Einzelhaltung nicht zu empfehlen ist und – wenn möglich – vermieden werden sollte.

Wenn es um die Leinenpöbelei geht, muss man beachten, welches Verhalten man belohnt, weil die Motivation so unterschiedlichen Ursprungs sein kann. Wenn man seinen Hund, der stark zieht und bellt, aufgrund der Annahme, er wolle sein Gegenüber begrüßen, von der Leine lässt, entspricht das einerseits lerntheoretisch und auch ganz praktisch einer sogenannten negativen Belohnung: Man belohnt den Hund, indem man die ihn zurückhaltende Leine löst und damit den negativen Reiz wegnimmt (negative Belohnung = als Belohnung etwas Negatives entfernen). Der Hund wird das Verhalten, das so belohnt wird, häufiger und stärker zeigen. Er lernt, dass er sich nur genügend gebärden muss, um sein Ziel zu erreichen, nämlich ganz ohne Leine den anderen Hund begrüßen zu dürfen. Andererseits wollte der Hund sein Gegenüber vielleicht gar nicht begrüßen, sondern pöbelte sozial motiviert. Fehlt nun die Verbindung zum Halter durch die Leine, fehlt ihm der Grund zu pöbeln. Oder – und das wäre sicher der ungünstigste Fall – er wollte den fremden Artgenossen aus seinem Revier oder von »seiner« Hündin vertreiben. In so einem Fall riskiert man einen Kampf zwischen den Hunden.

Guten Tag erst mal – Begrüßung

Kommt es zur Begegnung zweier Hunde, die sich nicht kennen, findet typischerweise zunächst ein Kennenlernen statt. Mittels Anogenitalkontrolle, also dem gegenseitigen Beriechen der Analgegend, finden die Hunde heraus, ob sie sich »riechen« können. Hier kommt vor allem das *Jacobson'sche Organ* (auch *Vomeronasales Organ*) ins

Spiel, das Hunde wie andere Wirbeltiere auch benötigen, um Botenstoffe – sogenannte Pheromone – von Artgenossen wahrzunehmen und zu verarbeiten; das Jacobson'sche Organ dient der innerartlichen Kommunikation. Vermutlich hat jeder Hundehalter schon einmal gesehen, wie ein Rüde scheinbar den Urin einer Hündin aufzulecken scheint – tatsächlich befördert er nur geringe Mengen davon mit seiner Zunge an die Eingänge seines Jacobson'schen Organs, die sich im vordersten Bereich des Gaumens befinden, um die Pheromone der Hündin und damit ihren hormonellen Status zu lesen. Während des Kennenlernens werden verschiedene Informationen des Gegenübers aufgenommen: das Geschlecht und der hormonelle Status beispielsweise – Hunde können aber auch ihren sozialen Status darüber mitteilen und nutzen Pheromone auch zum Markieren des eigenen Territoriums. Das Kennenlernen entscheidet über die weitere Vorstellung.

Finden sich die beiden Hunde auf Anhieb sympathisch, kann es zu freudigem Umrunden, starkem Wedeln oder Winseln kommen. Vor allem erwachsene Hunde müssen nicht immer und mit jedem Hund spielen, auch wenn sie in dieser Situation möglicherweise eine Vorderkörpertiefstellung zeigen, die hinlänglich von Haltern als Spielaufforderung interpretiert wird. Damit ein Spiel überhaupt stattfinden kann, müssen sich zwei Hunde kennen und einschätzen können, außerdem ist eine entspannte Umgebung notwendig und auch andere Faktoren spielen eine Rolle. Ein Spiel zeichnet sich durch Verhaltensweisen aus verschiedenen Funktionskreisen aus, denen jedoch einerseits die Endhandlung fehlt (Beispiel: ein Jagdspiel), durch das Wechseln der Rolle (Beispiel: Kampfspiele, bei denen mal der eine, mal der andere den Verlierer spielt) und durch überzeichnete Bewegungen und Mimik.

Nicht nur bei uneingeschränkter Sympathie kommt Spiel zum Tragen – erwachsene Hunde nutzen spielähnliche Bewegungen, um angespannte Situationen aufzulösen. Ziel ist in diesem Fall die Konfliktvermeidung und nicht der Spaß. Spielen in dem Sinne, wie wir es vielleicht zwischen zwei erwachsenen Menschen beobachten würden, kann nur dort passieren, wo zwei Hunde sich genügend gut kennen und deswegen vertrauen. Spielen findet normalerweise in der eigenen Gruppe (auch in der erweiterten) statt. Im Gegensatz zum tatsächlichen Spiel sind die Bewegungen beim Kennenlernen abrupter, es sind oft Rennangebote (wobei das auch rasseabhängig ist), doch wird immer wieder in einer Art Standbild das Gegenüber beobachtet, die Sequenzen sind kürzer und es findet selten ein Wechsel in andere Funktionskreise während des Spiels statt. Die Ausgelassenheit, die Weichheit der Bewegungen und das typische Spielgesicht fehlen dabei. Ja, oftmals kann man den Hunden ansehen, wie hoch konzentriert sie den fremden Hund und seine Reaktionen beobachten.

Wenn es knirscht – T-Stellung, Kopfauflegen und Co.

Bestimmte Konstellationen bei einem Aufeinandertreffen verlaufen angespannter – und dann wird mit den Säbeln gerasselt. Das Imponierverhalten ist eine überbetonte Selbstdarstellung und gleichzeitig ein Kräftemessen, bei dem es darum geht, durch optische Mittel und dargestellte mentale Stärke einen Konflikt zu beenden, bevor er so richtig begonnen hat.

Eine solche Begegnung kann schon damit beginnen, dass einer oder beide Hunde dem Gegenüber die Anogenitalkontrolle verwehren wollen, indem sie sich bewegen. Dabei entsteht das Umkreisen, das vor allem Rüden hin und wieder zeigen. Können sich die Hunde voneinander lösen, markieren sie mit ausgiebigem Scharren – während der eine markiert, beobachtet der andere, sucht dann dieselbe Stelle auf, markiert dort oder in der Nähe ebenfalls – und umgekehrt. Auch der Besitzer des jeweils anderen Hundes wird mitunter einbezogen – nach dem Motto: »Guck mal, ich bediene mich deines Herrchens / Frauchens / Partnerhundes.«

Das Einnehmen von Räumen, von Orten oder Wegen spielt eine zentrale Rolle in einer angespannten Begegnung. Die Tiere schränken sich dann auch gegenseitig in ihrer Bewegung ein, indem sie entweder den Weg des anderen versperren oder in den Kontrahenten »hineinlaufen«. Aus der Vogelperspektive betrachtet bilden beide Hunde immer wieder ein »T«, sodass diese Position auch als »T-Stellung« bezeichnet wird. Oft kann man in der T-Stellung beobachten, dass ein Hund dem anderen den Kopf oder die Pfote auf den Rücken auflegt. Ziel dieser Positionierung ist es, dass das Gegenüber diese Einschränkung akzeptiert – man findet diese Position auch als Dominanzgehabe innerhalb von Hundegruppen, deren Tiere sich kennen.

Durch deutliches Blickabwenden und andere Verhaltensweisen aus dem Bereich der passiven Demut (sich klein machen, die Rute anlegen) bleibt es oft möglich, den Konflikt ohne eine körperliche Auseinandersetzung wieder zu lösen. Die Hunde – oder zumindest einer der beiden Kontrahenten – imponieren, möglicherweise scharren sie noch einmal sehr deutlich und kräftig, bevor sie langsam »den Ring« stolz erhobenen Hauptes verlassen.

»Lass jucken!« – Der Kommentkampf

Das bedeutet jedoch auf gar keinen Fall, dass Hunde das immer und in jedem Fall still und friedlich »unter sich klären«. Wenn beide Kontrahenten auf ihren Standpunkten verharren, kann es zu einer Eskalation bzw. zu einem *Kommentkampf* kommen, der, wie der Name schon vermuten lässt, mit einem lautstarken Streit zu vergleichen ist, bei dem Türen geknallt werden und das Porzellan fliegt. Vergleichbar aber auch mit unserem »Armdrücken«, wo die Regeln beiden Seiten bekannt sind. Man bemüht sich, sich strikt daran zu halten, es wird sehr ritualisiert und überbetont agiert, um eine wirkliche Eskalation tunlichst zu vermeiden.

Kommentkämpfe sind ein hochritualisiertes Verhalten – ja, sie sind das biologische Paradebeispiel für ein ritualisiertes Verhalten. Der Beginn eines Kommentkampfes ist meist, dass der Blick, der zuerst deeskalierend abgewendet wurde, sich jetzt direkt an das Gegenüber richtet. Die Hunde beginnen oft mit dem sogenannten Hochkampf, bei dem sie sich gegenüberstehen und dann aneinander hochsteigen. Brust an Brust, sich mit den Vorderbeinen umgreifend, ringen sie miteinander, beißen sich über den Fang, in den Nacken, in die Wamme, den extra für diese Kämpfe bei Rüden ausgebildeten Hautkragen am Hals, und »prügeln« sich lautstark über das gesamte Areal. Dabei beißen sich die Hunde gehemmt und ohne Beschädigungsabsicht. Es kann immer wieder zu Drohsequenzen kommen, die Hunde zeigen Knurren, Knurrfauchen, Bellen und andere Lautäußerungen.

Ein Hinweis darauf, dass es sich bei der Auseinandersetzung um einen Kommentkampf handelt, gibt das »ressourcenintensive« Verhalten: Die Hunde haben die Energie, die sie verschwenden können, und den Freiraum, noch ganz viel und lautstark zu kommunizieren. Eine klassische Grundregel lautet: »Wenn es laut ist, ist es nicht so schlimm – schlimm wird es erst, wenn es leise wird!«

Als Besitzer kann man die Situation im Kommentkampf unnötig verschärfen, indem man zum Beispiel stehen bleibt oder, noch schlimmer, mit anderen Hundehaltern womöglich einen Kreis um die Hunde bildet, um das Geschehen zu beobachten und zu kommentieren. Rufen, am Halsband zerren oder dazwischengehen wirkt eher konfliktfördernd – aus ähnlichen Motivationsgründen wie beim an der Leine pöbelnden Hund.

Eine mögliche Lösung in dieser Situation wäre beispielsweise, dass beide Hundebesitzer in verschiedene Richtungen von ihren

Hunden weggehen und dabei ihren Hund ruhig rufen. Weiß man sicher, dass der eigene Hund Konflikte mit Körpersprache ohne Beißerei lösen kann, kann man solche Begegnungen durchaus mit Freude, wenn auch unauffällig und genügend Freiraum bietend, beobachten – allerdings ist die Voraussetzung, dass das zu einem gewissen Maß auch für den anderen beteiligten Hund gilt. Kommt es hingegen beim Kommentkampf immer wieder zu handfesten Auseinandersetzungen oder Verletzungen, bleibt der Hund am besten vorausschauenderweise angeleint. Man kann Hunden eine gewisse Streitkultur, also eine angemessene Aggression in der Kommunikation in einem anderen Rahmen, zum Beispiel in einer gut geführten Raufergruppe, durchaus beibringen, sollte das aber nicht in Eigenregie und schlimmstenfalls ohne Absprache mit unwissenden anderen Hundehaltern und ihren Hunden tun.

Gibt ein Hund nach, endet der Kommentkampf meistens, nachdem der Überlegene noch einmal überprüft hat, ob der »Verlierer« den Ausgang des Kampfes auch tatsächlich angenommen hat – für uns Menschen mag das wie eine zusätzliche Provokation wirken, es gibt aber Hunde, die ein scheinbares Nachgeben als Taktik nutzen, um sich neu zu positionieren und so einen Vorteil für sich herauszuarbeiten versuchen. Wendet der Nachgebende den Blick ab (oder nutzt andere Möglichkeiten, sich unterwürfig zu verhalten) und kommuniziert so, dass er verstanden und akzeptiert hat, löst sich die Situation auf und die Hunde können nach kurzer Zeit in einigen Fällen sogar miteinander spielen.

Die Auslöser für einen Kommentkampf können unterschiedlicher Natur sein. Neben der eben erwähnten Situation, bei der es eher um eine Statusabklärung geht, spielen besonders häufig Ressourcen eine Rolle und es lässt sich im Vorfeld beobachten, dass ein Hund das Objekt der Begierde fixiert, steif wird und es so für sich beansprucht.

Der fliegende Ball auf der Hundewiese ist ein beliebter Auslöser, auch die unklug verteilten Leckerchen können dazu führen, dass Hunde aus einer ressourcenbedingten Motivation in den Kommentkampf gehen.

Der Besitzer als sozialer Auslöser kann dazu führen, dass ein Konflikt eskaliert. Entweder holt sich der Hund bei seinem Menschen mentale Unterstützung und Zuspruch oder er akzeptiert keinen Artgenossen in der Nähe seines Menschen.

Auch ein Spiel kann dahingehend kippen, dass zwei Hunde einen Kommentkampf beginnen. Insbesondere, wenn das Spiel sehr »intensiv«, also körperlich vonstattengeht oder wenn sich ein dritter Hund in das Geschehen einmischt, kann die Stimmung umschlagen. Oft wird das Spiel dann unterbrochen und zunächst aggressiv mittels Kopfauflegen im Sinne des Imponierens und der Beschränkung des Raumes (beispielweise der T-Stellung) im Sinne des Dominierens kommuniziert, es kann aber auch sein, dass die Hunde direkt aus dem Spiel in den Kommentkampf gehen. Auch hier gilt: In den meisten Fällen gelingt es den Hunden, die Situation allein wieder aufzulösen. Und in den allermeisten Fällen tragen sie bis auf »Kollateralschäden«, wie Schmisse an den Ohren oder kleinere Blessuren durch die Krallen des anderen, keine Schäden davon. In der Hitze des Gefechts oder weil ein Hund noch wenig Erfahrung im Umgang mit so einer Situation hat, kann es immer wieder zu den berühmt-berüchtigten »Löchern« kommen. Das sind kleine Verletzungen, die durch die Reißzähne entstehen, wenn das Beißen noch nicht so gehemmt ausgeführt wird, wie es möglich wäre – und manchmal sind Löcher auch einfach gewollt. Prinzipiell ist das vollkommen in Ordnung – aus der Sicht des Hundes – und hat noch nichts mit einer tatsächlichen Schädigungsabsicht zu tun. Dennoch ist es wichtig zu wissen, dass die Zähne der Hunde viele Bakterien auf sich tragen und diese durch die eben beschriebenen Löcher unter die Haut des anderen Hundes gelangen können. Dort können sie gravierende und sich rasant ausbreitende Infektionen verursachen. Es ist deswegen wichtig, den Hund nach einer Auseinandersetzung auf Löcher zu kontrollieren, diese gegebenenfalls zu desinfizieren und – falls sich eine Infektion ausbreitet – einen Tierarzt aufzusuchen.

Wenn die Kontrahenten kein Ende finden oder ein Hund dem anderen hoffnungslos unterlegen ist, sollte man als Besitzer jedoch klärend einschreiten. Auch weil es viele Hunde gibt, die über den erfolgreichen Kommentkampf »Spaß am Prügeln« entwickeln. In dem Fall belohnt der Hund sich über seinen heroischen Sieg durch Hormonausschüttung selbst, und genau wie beim Leinenpöbeln wird er dieses Verhalten später häufiger und möglicherweise auch heftiger zeigen.

Wenn man einen Kommentkampf trennen möchte, sollte man es tunlichst unterlassen, in das Geschehen hineinzubrüllen oder zu versuchen, die Streithähne durch eigene Eingriffe zu unterbrechen. Die laute Stimme wird der Hund nur als anfeuernden Fan-Gesang wahrnehmen, einen körperlichen Eingriff im ungünstigen Fall eher auf seinen Gegner beziehen. In beiden Fällen erreicht man so das Gegenteil von dem, was man erreichen wollte. Eine mögliche Strategie, die Hunde zu trennen, kann es sein, dass man die beiden erschreckt und so eine kurzweilige Verhaltensunterbrechung erreicht, die man dazu nutzen kann, die Hunde voneinander zu trennen. So warf eine Hundebesitzerin beispielsweise beide Hunde einmal kurzerhand in den winterlichen Main (das ist, je nach Uferbereich, Strömung, Hund und Temperatur allerdings nur sehr bedingt eine gute Idee). Wenn man nicht gerade einen geeigneten Fluss in der Nähe hat, gibt es auch andere Möglichkeiten, den Kommentkampf zu beenden: Man kann den Hunden mit einem lauten Geräusch, beispielsweise durch Klatschen oder Schreien, oder einer vor die Beine der sich Streitenden geworfenen Leine oder Jacke einen kleinen Schrecken einjagen. Den Überraschungsmoment und das kurze Staunen kann man nutzen, um die Aufmerksamkeit des eigenen Hundes auf sich zu ziehen oder seiner habhaft zu werden. Letztendlich sollte man sich immer um den eigenen Hund kümmern. Versucht der zweite Hund nach dem Abbruch nachzusetzen, kann man versuchen, ihn mit einem wütenden Ausruf oder Aufstampfen des Fußes zu vertreiben. Wie so ein Konflikt letztendlich abläuft, hängt immer auch ein wenig davon ab, wie die Hunde sich verhalten und welche Einstellung sie zu Konflikten haben.

Auf jeden Fall gilt auch hier, dass man keinen Ring um die beiden bilden sollte und nicht selbst wütend wird, sondern eher den Anschein erwecken sollte, dass man auf dem Heimweg ist. Oft hilft dem Hund das Argument, dass er jetzt dringend weitermuss. Müsste oder wollte er das nicht, sähe die Sache natürlich ganz anders aus.

Um Leben und Tod

Glücklicherweise kommt es nur äußerst selten zu Ernstkämpfen, bei denen es – wie der Name schon sagt – um das Eingemachte geht und die Hunde mit dem Ziel vorgehen, den anderen zu töten. Anders als bei einem Kommentkampf haben die Hunde keine Energie mehr zu verschwenden. Es wird dann nicht mehr imponiert und auch nicht gedroht – Kommunikationsversuche finden nicht mehr statt. Das Kampfgeschehen findet auf engem Raum statt, die Bewegungen sind effizient und zielgerichtet, die Auseinandersetzung geschieht fast lautlos. Die Hunde verbeißen sich ineinander, zielen auf den Hals oder den Bauchraum und die komplette Beißkraft wird genutzt – bis einer der beiden schließlich stirbt oder zumindest schwer verletzt ist. Bei einem Ernstkampf geht es darum, das Gegenüber so schnell wie möglich unschädlich zu machen, denn bei so einem Kampf ist das eigene Risiko, ernsthaft verletzt zu werden, extrem hoch.

Verschiedene Auslöser können einen Ernstkampf bedingen – auch ein Ernstkampf ist, so grausam das klingt, etwas Natürliches. Es gibt ungünstige Konstellationen, die ein hohes Konfliktpotential haben: Zwei intakte Rüden, die sich physisch und mental ähneln und gegebenenfalls sogar beide in einer Gruppe mit intakten Hündinnen leben: Beide Hunde haben ein hohes *ressource holding potential* und werden gegebenenfalls in den Ernstkampf gehen, um ihren Status und ihre Gruppe zu verteidigen. Wolfshundrassen und ihre Mischlinge scheinen hier intoleranter zu sein als Rassen, die dem Wolf genetisch ferner sind. Auch Rassen, die nicht unbedingt auf Artgenossenverträglichkeit selektiert wurden, tragen ein höheres Risiko als andere. Beispielsweise sind Staffordshire Terrier zwar wundervolle Begleiter des Menschen, anderen Hunden gegenüber haben sie aber häufig aufgrund einstiger Zuchtziele eine genetische Disposition zu gesteigertem innerartlichem Aggressionsverhalten.

Auch eine mangelnde Sozialisation oder eine, die so ein Verhalten gefördert hat, kann die Wahrscheinlichkeit für einen Ernstkampf erhöhen. Während im ersteren Fall dem Hund das Wissen um das notwendige Alternativverhalten fehlt, kann es gerade bei Hunden, die unter sehr ungünstigen Umständen heranwachsen oder leben mussten, dazu kommen, dass sie wesentlich schneller als andere »kippen« und in den Ernstkampf wechseln – weil sie gelernt haben, dass das die einzige Möglichkeit ist, zu überleben. Das kann die Zwingerhaltung bei einem verantwortungslos handelnden Züchter sein oder das Zusammenpferchen, wie es in manchen Tierheimen im Ausland praktiziert wird, wo heutzutage doch einige unserer Hunde herkommen.

Bei intakten Rüden spielen neben dem Status oft sexuelle Hintergründe eine große Rolle. Befindet sich in ihren Reihen eine Hündin, die in den Stehtagen ihrer Läufigkeit (und damit empfängnisbereit) ist, dann werden zwei Rivalen, deren Kräfte mehr oder weniger ausgeglichen sind, ernster kämpfen. Vielleicht nicht um Leben und Tod, aber in so einem Fall auch nicht ritualisiert als Kommentkampf. Auch laktierende Hündinnen neigen zum Schutz ihrer Welpen dazu, mit Geschlechtsgenossinnen in den Ernstkampf zu gehen – das Verteidigen der eigenen Nachkommen steht für eine Mutterhündin an oberster Stelle.

Und schließlich finden sich leider auch heute noch Hunde, denen gezielt beigebracht wurde, gegen Artgenossen oder Menschen in das Beschädigungsbeißen zu gehen.

Einen Ernstkampf zu trennen ist nicht nur schwierig, sondern auch gefährlich für den Menschen. In dem Moment, in dem man die Hunde getrennt hat, läuft man Gefahr, dass der eigene Hund umlenkt oder der andere Hund den Menschen attackiert. Greift man in das Halsband, kann es passieren, dass der Hund den Griff als weiteren Angriff sieht, die menschliche Hand als Schwachstelle ausmacht und sich entsprechend in ihr verbeißt. Im besten Fall ist man in einer solchen Situation zu zweit und die Hunde tragen jeweils ein gut sitzendes, nicht zu breites Halsband. Alternativ sollte man eine Leine dabeihaben, die man zum Trennen einsetzen kann. Kommt man in die Verlegenheit, einen Ernstkampf trennen zu müssen, muss man unter Umständen abwarten, bis die beiden Tiere ineinander verbissen sind und in einer möglichst ruhigen Position verharren. Man hat dann die Zeit, die man benötigt, um beiden Hunden eine Leine umzulegen und um dann zu versuchen, per Luftabdrücken den Biss zu lockern. Wichtig ist es, bei der anschließenden Trennung schnell zu reagieren, weil die Hunde sofort nachsetzen und wieder zubeißen.

Den Biss eines Hundes löst man am effektivsten, indem man ihm mithilfe des Halsbandes die Luft »abdreht«. Sobald er nicht mehr atmen kann, wird er früher oder später reflexartig das Maul öffnen, um nach Luft zu schnappen. Das ist der Moment, in dem man ihn schnell vom anderen Hund trennt, der wiederum von seinem Besitzer gesichert sein sollte. Weil einem in so einer Situation auch die Kraft fehlen kann, das Halsband oder die Leine derart zu verdrehen, kann man versuchen, mit Hilfsmitteln zu arbeiten. In so einem Fall wäre ein Stock oder ein Besenstiel hilfreich, den man unter das Halsband des Hundes schiebt. Durch Drehen nutzt man damit den Stock als Kraftwandler und die Wirkung des verlängerten Hebels, um das Halsband so zu verengen.

Sind die Hunde ruhig ineinander verbissen, kann man ebenfalls versuchen, die Köpfe jeweils mit beiden Händen zu fixieren und in Absprache mit dem Besitzer des anderen Hundes auf Kommando ruckartig nach vorn, also auf den anderen Hund zu, zu stoßen. Wenn sie den Biss aufgrund des Schmerzes lockern, muss man sie schnell nach hinten wegziehen, um ein erneutes Verbeißen zu verhindern. Auch das kann eine Chance sein, die Hunde zu trennen.

Es bringt bei einem Ernstkampf nichts, die Hunde anzuschreien oder sie zu umkreisen. Weggehen ist ebenfalls keine Lösung, denn aus einem Kampf um Leben und Tod kann sich ein Hund nicht einfach entfernen und der andere Hund kann ihn nicht einfach gehen lassen. Erschrecken, Schläge oder Reißen an der Leine sind ebenfalls aussichtslos. Im Gegenteil: Gerade wenn man an der Leine zieht, kann man den Hunden, die ineinander verbissen sind, noch größeren Schaden zufügen, weil sie weder ihren Biss lösen können noch das Gebiss des Gegenübers loswerden – man schafft so nur größere stumpfe Verletzungen, wenn Haut und Muskeln, von Zähnen gehalten, dem Zug nachgeben. In einigen Fällen kann es helfen, beide Tiere an den Hinterläufen hochzuheben, allerdings kann die Wirkung eine ähnliche wie die des an der Leine Ziehens sein. Des Weiteren braucht man für diese Methode beide Hände und der Hund kann sich schneller gegen den Menschen wenden, um zu beißen, weil man den Hund kaum fixieren kann, wenn man die Pfoten loslässt. Wenn einer oder beide Hunde zu groß oder zu schwer sind, ist so eine Vorgehensweise womöglich überhaupt nicht durchführbar. Sinnvoller ist es, die Hunde an der Rute festzuhalten und bei einer eventuellen Lockerung des Bisses schnell nach hinten zu ziehen. Der Hund kann die haltende Person nicht so schnell erreichen und man hat eine Hand frei, um eventuell in das Halsband zu greifen und den Hund sicherer zu fixieren.

Ganz wichtig ist in dem Zusammenhang auch, dass die Hunde nach einem Ernstkampf oft nicht mehr ohne weiteres zusammenzuführen sind. Bei Tieren, die gemeinsam in einem Haushalt leben, bedeutet das in letzter Konsequenz manchmal, dass an der Ursache gearbeitet werden muss oder einer der beiden ausziehen muss. Das klingt herzlos, aber letztendlich gibt es keine andere Möglichkeit, die Lebensqualität der beteiligten Hunde und Halter zu verbessern.

Befindet man sich allein in einer solchen Situation und hat man keine Möglichkeit, den Biss zu lösen, wird es nochmal ungleich schwerer, die Tiere zu trennen. Man kann versuchen, einen Hund, den vermeintlichen Aggressor, an einem stabilen Baum oder Ähnlichem mit einer Leine zu fixieren und dann beispielsweise das Halsband des anderen, den eigenen Gürtel, den Riemen der Handtasche nutzen, um verbissene Hunde zu trennen. Fixiert man den fremden Hund, kann es sein, dass der eigene sozial motiviert immer wieder attackiert und man letztendlich die beiden nicht endgültig trennen kann. Dann muss man, so furchtbar das klingt, noch einmal von vorn beginnen und den eigenen Hund am Baum fixieren, um dann den anderen an der Leine aus dem Geschehen zu ziehen. Möglicherweise bleibt einem aber auch nichts weiter, als die Polizei um Hilfe zu bitten.

Exkurs:
Ethologie

Die biologischen Wissenschaften sind in sich in viele Spezialgebiete unterteilt, die sich mit unterschiedlichen Aspekten der Erforschung der Natur befassen. Ein Bereich, der viele sehr bekannte Wissenschaftler hervorgebracht hat, die einen maßgeblichen Teil dazu beigetragen haben, dass wir heute Wild- und auch Haustiere besser verstehen, ist die Verhaltensbiologie – oder eben *Ethologie. Ethos* bedeutet im Griechischen: »Charakter« oder »Gewohnheit« – die Ethologie ist also die Lehre von den Gewohnheiten.

Die Geschichte der Ethologie ist deswegen auch für Hundebesitzer und -trainer spannend, weil aus ihr auch der Behaviorismus entstand, der heute vor allem mit den Versuchen zur Konditionierung von Skinner immer wieder in der Diskussion ist. Behavioristen sind die »Nachkommen« der Mechanisten, die das Tier als ein sich passiv den Reizen von außen ausgesetztes Wesen ansahen und ihm keine Eigenbestimmung zugestanden. Seit einiger Zeit zieht auch die Kognitionsforschung in die Hundeszene ein und trägt ihren Teil zum Verständnis von Hundeverhalten bei.

So einfach es klingen mag, so komplex ist es, Tiere zu beobachten und aus ihrem Verhalten eine generelle Aussage zu formulieren. Man kann nicht ein einmaliges Ereignis nehmen, es nach eigenem Gutdünken interpretieren und dann als Regel für die ganze Art oder Gattung annehmen. Verhalten, das eine Funktion hat, kann man nur als solches erkennen, wenn man es wiederholt beobachtet (oder für einzelne Gruppen ausschließen kann): bei verschiedenen Individuen verschiedenen Alters und Geschlechts, in unterschiedlichen Regionen und in einem immer wiederkehrenden Kontext. Erst wenn man das statistisch nachweisen kann, kann man eine allgemeine Aussage treffen.

Es gibt relativ einfach strukturierte Tiere, vor allem, wenn es um ihr Verhalten geht, und es gibt Tiere wie Wölfe und Hunde, die sozial sind und deswegen mithilfe des Verhaltens mit anderen Artgenossen hochkomplex und ausgereift kommunizieren müssen, ohne jedoch wie der Mensch eine Sprache nutzen zu können. Das Agieren von Wölfen und Hunden richtig zu interpretieren, die Botschaften zu verstehen und zu wissen, wann ein Gähnen einfach nur ein Gähnen ist, das ist die Aufgabe der Ethologen.

Konrad Lorenz und Irenäus Eibl-Eibesfeld gehören zu den Stammvätern der Verhaltensforschung und beide haben sich ausgiebig mit Aggression beschäftigt. Zu den bekanntesten Forschern au dem Gebiet der Kynologie zählen heute im Bereich der Hunde beispielsweise Erik Zimen und Dorit Feddersen-Petersen, deren Forschung völlig neue Erkenntnisse über das Verhalten von Wölfen und Hunden brachte. Ihre Veröffentlichungen sind bis heute für Hundetrainer ein wertvolles Gut und immer lesenswert.

Erik Zimen gilt als der bedeutendste Wolfsexperte und einer der kenntnisreichsten Kynologen Deutschlands. Dorit Feddersen-Petersen ist Tierärztin, erforscht das Verhalten von Hunden und anderen Caniden und hat sich besonders als Sachverständige in der Kampfhunddebatte mit dem Thema Aggression auseinandergesetzt. Die Werke beider sind ein enormer Gewinn für all jene, die sich mit der modernen Erziehung von Hunden auseinandersetzen, weil sie die verhaltensbiologischen Grundlagen bis ins kleinste Detail erforscht haben.

Exkurs: Funktionskreise

Ethologen nutzen sogenannte Ethogramme, um Verhalten zu beschreiben. Ethogramme sind objektive und möglichst vollständige Auflistungen von beobachtetem Verhalten. Nach Zimen und Feddersen-Petersen werden die Verhaltensweisen dann in der Analyse des Ethogramms Funktionskreisen zugeordnet – das sind Kategorien für Verhaltensweisen, die einem Ziel zugeordnet werden können. Für Wölfe und Hunde gibt es die folgenden Funktionskreise:

Komfortverhalten – Das Verhalten dient der Körperpflege und dem Darstellen von Behagen und Wohlbefinden. Zu diesem Verhalten zählt auch das Gähnen aus Müdigkeit oder Langeweile. Wenn körperpflegendes Verhalten bei einem Artgenossen angewandt wird, zählt das sowohl zum Komfortverhalten als auch zum Sozialverhalten.

Stoffwechselbedingtes Verhalten – Das Verhalten dient der Jagd. Die eigentliche Verhaltenssequenz setzt sich nacheinander aus folgenden Einzelkomponenten zusammen: Such- bzw. Appetenzverhalten, Fixieren, Anschleichen, Hetzen, Packen, Töten, Wegtragen und Fressen. Züchterisch wurden Teile des Jagdverhaltens verstärkt und / oder unterdrückt. Das Beuteschema selbst ist bei Hunden anfangs unspezifisch (Zimen, 1992).

Spielverhalten – Das Verhalten wird vor allem von jungen Hunden und Wölfen ausgeprägt gezeigt, weil es wichtig für die Entwicklung des Sozialverhaltens ist (Bekoff, 2010). Es werden Bewegungsabläufe und Verhaltensmuster geübt; eine Endhandlung, beispielsweise bei einem Jagdspiel, wird nicht ausgeführt. Verschiedenste Signale sollen verhindern, dass eine Spielaufforderung als Angriff missinterpretiert wird: die übertriebene Mimik des Spielgesichts, die Vorderkörpertiefstellung oder auch bestimmte Laute.

Sozialverhalten – Das Verhalten ist soziopositiv, dient also dem Knüpfen, Aufrechterhalten und Festigen sozialer Beziehungen durch Annäherung, Putzen und Körperkontakt (Feddersen-Petersen, 2008).

Agonistisches Verhalten – Das Verhalten wird im Rahmen innerartlicher Konflikte gezeigt. Das Ziel des Verhaltens ist immer eine Distanzvergrößerung oder Beseitigung einer empfundenen Bedrohung. Zur Agonistik zählt sowohl das offensive Angriffsverhalten, das defensive Abwehrverhalten als auch die Flucht (Feddersen-Petersen, 2008). Die Verhaltensweisen *Fight*, *Flight*, *Freeze* und *Flirt / Fiddle about* werden entweder ebenfalls diesem Funktionskreis zugeordnet oder einem eigenen, dem Konfliktverhalten, zugeordnet.

Submissives Verhalten – Das Verhalten dient der Unterwerfung, der Hemmung aggressiven Verhaltens und der Schlichtung von Konflikten – das Ziel ist Freundlichkeit und soziale Integration. Die Verhaltensweisen werden in aktive und passive Demut unterteilt.

Beschwichtigungsverhalten – Das Verhalten signalisiert die eigene Friedfertigkeit und hemmt, reduziert oder beendet aggressives Verhalten bei Sozialpartnern (Gattermann, 2006). Nicht alle Ethologen trennen das Beschwichtigungsverhalten vom submissiven Verhalten.

Übersprungverhalten – Das Verhalten tritt unerwartet auf und scheint nicht in den bestehenden Kontext zu passen. Es wird gezeigt, wenn ein Hund sich in einem Zwiespalt befindet, typisch ist Gähnen, Sich-Schütteln oder Kratzen.

Darüber hinaus gibt es noch eine ganze Reihe weiterer Funktionskreise: allgemeine Bewegungsformen, Erkundungsverhalten, Ruhe- und Schlafverhalten, neutrales Verhalten, Sexualverhalten, Geburts- und infantiles Verhalten. Aggressives Verhalten ist ein Vielzweckverhalten, das in verschiedenen Funktionskreisen auftritt. Als besonders wichtig wird es im Funktionskreis Sozialverhalten angesehen (Feddersen-Petersen, 2008).

Erst wenn alle Verhaltensweisen ihrem Funktionskreis zugeordnet wurden, ergibt sich aus der Betrachtung des gesamten Ethogrammes ein Bild. Und erst, wenn viele Ethogramme ein Verhalten vorhersagbar machen, kann es als generell relevant angesehen werden. Feddersen-Petersen (2008) gibt an, dass die heutigen Hunderassen so unterschiedlich sind, dass für jede davon eigene Ethogramme erstellt werden müssten, um ein typisches Verhalten darzustellen.

KAPITEL 5

Fallbeispiele aus dem Alltag von Tierheimen und Hundetrainern

Es ist unbestritten und Teil des manchmal traurigen Alltags von Tierheimmitarbeitern, aber auch Hundetrainern, dass man mit besonders eindrücklichen Fällen konfrontiert wird, die nicht so schnell in Vergessenheit geraten. Nicht immer kann man das Leben eines Hundes, bevor er einem vorgestellt wird, in seiner Gänze rekonstruieren – und manchmal ist das vielleicht auch ganz gut so. Für das Training ist die Vergangenheit eines Hundes nicht unbedingt relevant, der Hund wird vorgestellt, wenn sich ein Problem ergeben hat, dessen Auslöser man als Hundetrainer dann zu definieren versucht. Im Tierheim, wo man darum bemüht ist, den Hund an einen neuen Besitzer zu vermitteln und das hoch gesteckte Ziel immer ist, dass alle Beteiligten damit glücklich sind, kann das schon schwieriger sein.

Das gilt vor allem, wenn es um Aggressionsverhalten geht. Man kann wichtige mögliche Auslöser, sofern sie bei einem Hund generalisiert ein Verhalten auslösen, natürlich überprüfen: Wie reagiert der Hund auf Katzen? Auf Kinder? Auf das Wegnehmen von Futter oder auf andere Artgenossen? Kennt man die Vorgeschichte eines Hundes nicht, ist man gut beraten, Interessenten und zukünftige Besitzer darauf vorzubereiten.

Wenn man berufsbedingt viele Hunde und ihre Geschichten vorgestellt bekommt, lernt man auch eine breite (und nicht immer nur schöne) Palette an Verhaltensweisen kennen, die so individuell sind, wie es der Hund mit seiner Geschichte und seinen Erfahrungen ist. Im Folgenden werden hier verschiedene Aggressionsformen anhand von Fallbeispielen beschrieben. Sie sollen exemplarisch der Darstellung der Aggressionsformen dienen, aber nicht unbedingt andere Formen und Varianten ausschließen. Dennoch sind diese Fälle eine gute Übung, um zu verdeutlichen, wie wenig normiert und einfach zu kategorisieren jene Formen von Aggression sind, die einem im Tierheim- oder Hundetraineralltag begegnen. Die Einschätzung eines jeden Hundes ist für die weitere Herangehensweise in der Arbeit mit ihm bedeutsam und gleichzeitig ist sie sehr individuell. Je nach Form hat man die Möglichkeit, auf den Auslöser selbst einzugehen oder sollte eine grundsätzliche Veränderung im Leben des Hundes bewirken. Auch wenn es hier aufgrund der gesammelten Erfahrungen so scheint, ist es nicht unbedingt notwendig, dass ein Hund dafür den Halter wechseln muss und dabei eine Zwischenstation in einem Tierheim einlegt! Unbestritten ist, dass in den meisten Fällen und mit der richtigen Anleitung, die auf einer korrekten Einschätzung eines Hundetrainers beruht, ein Hund sein Problemverhalten ablegen kann.

Auch mag es hier so wirken, als wären viele Hundetrainer nicht kompetent, einem im Aggressionsbereich auffällig gewordenen

Hund und seinen Haltern zu helfen – das ist nicht der Fall. Aber diese Fälle erlangen keine traurige Berühmtheit in einem Tierheim, sie werden erfolgreich bearbeitet und enden idealerweise damit, dass Hund und Halter normal und stressfrei das weitere Zusammenleben genießen können. Es gibt viele Lösungswege und nicht alle außer einem müssen unbedingt falsch sein – wir werden hier allerdings davon absehen, Trainingswege im Detail zu beschreiben, denn wir möchten verhindern, dass ein möglicherweise schon überforderter und sich gegebenenfalls selbst überschätzender Leser sich selbst in Gefahr bringt. Der psychische und physische Schaden, den ein – aus welchen Gründen auch immer – aggressiver oder gefährlicher Hund anrichten kann, muss ernst genommen werden. Ein solcher Hund kann nicht in Eigenregie und ohne fortgeschrittenes Wissen und Erfahrung »behandelt« werden, dafür sind Hundetrainer zuständig.

Sozial motivierte und statusbedingte Aggression im Vergleich

Apollo

Apollo wurde im November 2011 geboren. Auf der gut aufgemachten Züchterseite sieht man gleich eine große Anzahl Zuchthunde, namentlich genannt und gut beschrieben. Die auf den Papieren des Züchters angegebenen Elterntiere leider nicht. Nun hat dieser angeblich reinrassige Labrador eine sehr außergewöhnliche Farbe: Er hat ein graues Fell, ist also silbern. Auch der Körper, die Größe, die Fellstruktur und Augenform und -farbe, die Kopfform – eigentlich erinnert kaum etwas an die Rasse, zu der eigentlich gehören soll. Und er benimmt sich auch ganz anders.

Das Tierheim erfuhr von dem Züchter, dass es tatsächlich reinrassige Tiere sind, die so aussehen. Überzeugendes Argument sollen genetische Formeln und Gutachten sein. Keinesfalls sei ein Jagdhund eingekreuzt worden, was ein jeder gleich vermuten würde. Denn die meisten Hunde des silbernen Farbschlags benehmen sich dennoch auch so, wie es die Rassebeschreibung des Weimaraners vorsieht.

Der Deutsche Retriever Club (DRC e. V.) beschreibt das Wesen des Labradors folgendermaßen: »Der Labrador ist ein aktiver und arbeitsfreudiger Hund. Er liebt Menschen, besonders Kinder. Untypische und laut Standard unerwünschte Eigenschaften sind Wach- und Schutztrieb sowie Mannschärfe. Wer einen scharfen, wachsamen Hund sucht, wäre von einem typischen Labrador enttäuscht. Der Labrador möchte seinem Besitzer gefallen. Die Engländer nennen diese Eigenschaft *will to please*. Diese auch im Rassestandard geforderte Eigenschaft zeichnet vor allem die *Field-Trial-Labradors* aus und ist in der Regel mit einem sensibleren Wesen verbunden.« Dagegen steht in der Zuchtbeschreibung des Weimaraners, dem Apollo sehr ähnlich sieht: »Er ist ein ausgesprochen ernsthafter Arbeiter. Der Wach- und Schutztrieb ist sehr viel stärker ausgeprägt als bei den meisten anderen Jagdhundrassen. Er ist mutig, ausgesprochen selbstbewusst und gewillt, die Dinge selbst in die Hand zu nehmen. Er braucht entsprechend einen erfahrenen Besitzer mit Durchsetzungsvermögen.«

Bis heute gibt es – soweit wir wissen – keinen eindeutigen Beweis dafür, dass Labrador Retriever mit Weimaranern gekreuzt wurden, um die für Weimaraner so typische markante silberne Fellfarbe auf den Labrador zu übertragen. Auch wenn keine genetischen Studien vorliegen, finden sich im Internet aber Recherchen zu diesem Thema. So rekonstruierte ein Autor den Ursprung der silbernen Labradore, die seines Erachtens auf zwei Tiere eines Kennels in den USA zurückgehen. Mit Aufkommen dieser Modefarbe und dem lukrativen Geschäft, das sich dadurch ergab, ist die Wahrscheinlichkeit gegeben, dass unprofessionelle Züchter immer wieder Weimaraner mit Labradoren kreuzten, um die Farbe zu erhalten. Dabei ließen sie außer Acht, dass damit auch Wesenszüge des Weimaraners übertragen wurden, die sich heute in diesen Mischlingen wiederfinden.

Familie X hatte sich die Anschaffung gut überlegt und sich ganz gezielt einen Labrador ausgesucht, vor allem auch, weil ebenfalls ein Kinderwunsch bei dem jungen Paar bestand und sie unbedingt einen familientauglichen und möglichst unkomplizierten Hund wünschten. So wurde nun dieser wunderschöne kleine Rassewelpe von Familie X im Januar 2012 ausgewählt und Ende des Monats auch nach Hause geholt. Man freute sich außerordentlich und führte sogar Tagebuch über alle Ereignisse und Erlebnisse, sodass man die Zeit bei dieser Familie gut nachvollziehen kann. Selbst die verlorenen Milchzähnchen wurden in den Impfpass eingeklebt.

Mit zehn Wochen war der Hund bereits stubenrein und mit vierzehn Wochen ließ er niemanden mehr an seinen Knochen. Er war noch keine sieben Monate alt, als er zum ersten Mal zubiss. Der Besitzer kam nachts nach Hause und wollte ihn streicheln, als es geschah. Nun kam eine Hundetrainerin ins Spiel, die die Besitzer mit Einzelstunden in der kommenden Zeit auch begleitete. Apollo lernte viel: Er kann apportieren, kennt viele Kommandos, viele Tricks, läuft am Fahrrad und am Pferd. Seine Besitzerin nahm die Erziehung sehr ernst und investierte viel Zeit und Herzblut in seine Ausbildung. In der gemeinsamen Freizeit spielten sie viel Ball, denn den mochte Apollo am liebsten. Doch der Hund konnte zwischen Spiel und Ernst gut unterscheiden. Mit neun Monaten schnappte er auch nach seiner Besitzerin, als sie ihn streicheln wollte, während er lieber seine Ruhe wollte. Das war der Grund, warum der junge Hund noch im gleichen Monat kastriert wurde. Man versprach sich eine Besserung seines Verhaltens. Doch als er ein Jahr alt wurde, verschlechterte sich sein Verhalten trotz aller Bemühungen immer mehr. Einmal biss er dem

Besitzer beim Heimkommen sogar ins Gesicht. Es häuften sich die Vorfälle, bei denen Apollo knurrte, Zähne zeigte oder sogar zubiss, während seine Besitzerin, die inzwischen schwanger war, sich noch fast alles erlauben konnte, ohne dass der Hund sie maßregelte. Die Trainerin hingegen hatte mittlerweile auch kaum mehr Zugang zu dem Hund und wurde von ihm auf Distanz gehalten.

Sicher nicht zufällig eskalierte es zunehmend nach der Geburt des Kindes. Apollo, mittlerweile zweiundzwanzig Monate alt, schränkte den Besitzer immer weiter ein, und als er ihm den Zutritt zum Schlafzimmer verwehrte und zubiss, wurde dem Paar bewusst, dass sich etwas ändern musste. Eine weitere Hundetrainerin wurde zurate gezogen, die zur sofortigen Abgabe des Hundes riet. So kam Apollo ins Tierheim. Es lag wohl an seiner besonderen Optik, dass sich drei Monate später schon ein neuer Besitzer fand, der sich bereiterklärte zu unterschreiben, dass er darüber informiert wurde, dass der Hund den Vorbesitzer mehrfach gebissen hatte und der Hund ressourcenbedingte Aggression zeige. Apollo zeigte recht bald, was er duldete und was nicht. Streicheln konnte man ihn nur zu seinen Konditionen und auch nur, wann er es wollte. Beim Fressen war er ungeduldig, fordernd und drohend. Das Sofa spielte, wie schon beim Vorbesitzer, ebenfalls eine große Rolle. Es ist – in Anbetracht der bekannten Geschichte – nur schwer nachvollziehbar, wie es dazu kommen konnte, dass man versuchte, dem Hund einen Knochen wieder abzunehmen. Leider war auch der Ausgang dieses Versuchs vorhersehbar. Damit war sein erneuter Einzug ins Tierheim besiegelt; bei der Abgabe wurde angegeben, dass der Hund »Spontanaggression« zeigte.

Ein weiterer Vermittlungsversuch mit ausführlicher Beratung über die Eigenschaften dieses Hundes kam zustande, als Apollo zweieinhalb Jahre alt war. Im Vermittlungsvertrag wurde ausdrücklich darauf hingewiesen, dass Apollo eine ausgeprägte statusbedingte Aggression zeige. Was das bedeutet, wurde detailliert beschrieben – mit dem Angebot, die Leute auch weiterhin zu begleiten und zu unterstützen. Dass das Verhältnis zwischen dem Tierheim und den neuen Besitzern in Schieflage geriet, machte sich bei einem Anruf bemerkbar, in dem den Mitarbeitern mitgeteilt wurde, dass weder die Vorbesitzer noch das Tierheim den Hund verstanden hätten, man müsse ihm nur Liebe und Verständnis entgegenbringen. Er wäre sehr lieb und schmuse gern abends mit auf dem Sofa. Keine vier Wochen später biss Apollo bei dem Versuch des Besitzers, ihn vom Sofa zu schieben, heftig zu. Nachdem er aus dem Krankenhaus entlassen worden war, wollte sich das Paar Rat bei einem Hundetrainer holen. Dieser vertrat die Meinung, dass es statusbedingte Aggression bei Hunden gar nicht gäbe. Leider hatte er keine Termine frei, um in der darauffolgenden Zeit mit den Besitzern und Apollo an der Problematik zu arbeiten. Der verhaltenstherapeutisch arbeitende Tierarzt, der daraufhin zurate gezogen wurde, bestätigte zwar, dass es statusbedingte Aggression durchaus gebe, diese Form der Aggression jedoch nicht therapierbar sei und der Hund sofort eingeschläfert werden müsse. Weder der Trainer noch der Tierarzt hatten den Hund je gesehen. Die Beratung erfolgte jeweils am Telefon. Als der Euthanasietermin dem Tierheim mitgeteilt wurde, wurde der Hund von den Tierheim-Mitarbeitern sofort abgeholt, damit ihm dieses Schicksal erspart blieb.

Apollo ist nun dreieinhalb Jahre alt. Er hat im Tierheim noch keinerlei Aggressionen gezeigt, ist freundlich zu jeder Person, verteidigt weder Futter, Wasser, Spielzeug oder Stöcke. Selbst Knochen lässt er sich mit etwas Murren wieder abnehmen. Er geht gerne spazieren, hört aufs Wort, alle positiven Eigenschaften, die für Apollos Labradorseite genannt wurden, können hundertprozentig bestätigt werden. Das Tierheim hofft weiterhin auf einen Interessenten, der mit Apollos Problematik umgehen kann und den Hund entsprechend hält, denn dann könnte das Zusammenleben ohne weiteres funktionieren.

Fafnir

Der kleine Fafnir hatte zunächst einen besseren Start ins Leben. Er wurde im Sommer 2013 als reinrassiger Schweizer Sennenhund bei einem fürsorglichen Züchter geboren. Mit zehn Wochen zog er zu einer jungen Familie mit zwei kleineren Kindern um. Eine richtige Bilderbuchfamilie mit Sennenhund. Sennenhunde sind geduldige Tiere, sagt man, und so haben sich die Eltern der Kinder auch keine Sorgen gemacht und die Kinder oft mit dem Hund ohne Aufsicht zusammen spielen lassen. Als der Junghund fünfeinhalb Monate alt war, also gut drei Monate in der Familie gelebt hatte, musste er plötzlich zurück zum Züchter. Was in diesen drei Monaten genau passiert war, darüber gibt es keine Informationen.

Wieder beim Züchter, ließ sich der Hund nicht mehr anfassen. Versuchte man, etwas durchzusetzen, biss er sofort zu. Es war eigentlich nicht so wichtig, was man versuchte: Einschränken, wegschicken oder gar wegschieben – nichts davon war mehr möglich, ohne dass dieser kleine Hund attackierte. Ähnlich reagierte er auch, wenn leere Futterschüsseln, Futter oder auch nur Wasser in der Nähe waren. Fafnir biss mehrfach zu und verletzte dabei schwer. Nach einigem Ringen jedoch konnte sich der Züchter bei ihm durchsetzen, doch der Rest der Familie wurde nicht akzeptiert.

Da eine krankhafte Veränderung vermutet wurde, wurde der Hund tierärztlich auf den Kopf gestellt. Fafnir war kerngesund, wie sich herausstellte. Die nächste Anlaufstelle war ein Hundetrainer, der den Junghund beurteilen sollte. Drei Trainingseinheiten später konnte er sich die Futteraggression eigentlich nicht erklären. Diese Aggression Menschen gegenüber würde der Hund aber aus Unsicherheit zeigen. Da die Situation im Haus für die Züchterfamilie immer gefährlicher wurde und bis auf den Mann jeder Angst vor dem Hund hatte, wurde er mit zehn Monaten in Pension ins Tierheim gegeben.

Bald nach dem Einzug dort regnete es stark. Fafnir stand im strömenden Regen mitten im Gehege, weit und breit weder Mensch noch Tier, er schaute wild um sich, bleckte die Zähne und drohte in alle Richtungen. Zunächst war unklar, ob es sich um einen epilepsieähnlichen Anfall oder eine sonstige neurologische Erkrankung handelte. Doch es stellte sich schnell heraus, dass er gut ansprechbar war und reagierte. Fafnir verteidigte das Regenwasser! Ähnliches Verhalten zeigte er auch bei Futter. Das war ein Ansatzpunkt, mit dem man arbeiten konnte. Fafnir lernte, beim Füttern zu warten, nicht mehr zu verteidigen und auch wieder abzugeben. Ein Teenager im Bootcamp! Er passte sich immer mehr an, war allzeit freundlich und friedlich, es gab keinerlei Diskussionspunkte mehr. Selbst bei verschiedenen »Tests«, wie Vom-Futter-Wegschicken, Wegdrängen, Sitz-und-Platz-Einfordern oder Bedrohen, zeigte er keinerlei Aggressionsverhalten mehr. Er ging mit jedem spazieren, ließ alle Formen der Körperpflege über sich ergehen und begrüßte jeden Fremden.

Und es fand sich eine junge Frau, die sich aufgrund ihrer beruflichen Erfahrung einen Hund wie Fafnir zutraute. Zunächst sah es auch so aus, als hätten sich die beiden gesucht und gefunden. Je enger sie zusammenrückten, desto kritischer beäugte Fafnir andere Menschen. Zunächst knurrte er bei Begegnungen, dann auch bei Besuchern. Sein Verhalten steigerte sich aber weiter, sodass er bald tobend an Menschen wie Hunden vorbeigezogen werden musste. Die Besitzerin stellte er aber nie in Frage. Leider vergaß sie eines schönen Tages den Maulkorb zu Hause und ging daher mit dem ungesicherten Hund. Als ihnen jemand zu nahe kam, biss Fafnir sofort zu. Die Folge war, dass der Hund zurück ins Tierheim gebracht und aufgrund einer Anzeige als gefährlich eingestuft wurde. Dort wartet er seitdem auf seine Vermittlung.

Erschreckend an dieser Geschichte waren die Reaktionen in den sozialen Netzwerken. Denn Sennenhunde sind nicht so, die werden so gemacht. Die Menschen sind schuld. Der Züchter, das Tierheim, der Tierarzt. Der Hund wurde zu viel untersucht, man müsse viele weitere Untersuchungen machen, Röntgen, CT, Not-OP. Obwohl keiner den Hund je gesehen hatte, wussten doch viele per Röntgenblick und Ferndiagnose, was ihm fehlte. Die Pfleger waren zu lasch, zu grob, zu unsensibel. Die Prägungsphase war zu kurz. Nicht auf sachlich fachlicher Ebene diskutierten diese selbsternannten Fachleute, nein, sie verhielten sich verbal aggressiver als es Fafnir je getan hatte.

Beide Hunde zeigten statusbedingte sowie auch sozial motivierte Aggression. Dies kann, muss aber nicht zusammen auftreten. Von statusbedingter Aggression kann gesprochen werden, wenn es Probleme gibt, den Hund vom Sofa oder aus einem Zimmer zu schicken und er offensiv drohend stehen bleibt. Wenn ein Hund selbstbestimmt leben möchte, Einschränkungen nur mit Protest hinnimmt, Zärtlichkeiten selbstbewusst einfordert und von sich aus wieder abbricht, gern auch mit Drohen oder Beißen. Wenn er dann noch Ressourcen verteidigt, kann man von statusbedingter Aggression ausgehen. Oft gehen diese Hunde mit Besuchern deutlich freundlicher um als mit der eigenen Familie und zeigen sich auch toleranter, wenn es – nach ihren Maßstäben – zu Übergriffen kommt. Oft sucht sich so ein Hund dabei ein Familienmitglied aus, nicht immer das stärkste, auf das er besonders aufpasst und es schützt. Aber auch dieses Mitglied wird bei statusbedingter Aggression gemaßregelt. Bei ausschließlich sozial motivierter Aggression zeigt der Hund seltener dieses Verhalten gegenüber seiner erwählten Bezugsperson. Dafür stellt er sich beschränkend vor die Person und schirmt sie vor anderen Menschen wie Hunden ab, kontrolliert und beobachtet sie gern. Andere werden mit Knurren oder lautem Getöse abgehalten und verjagt, bei Distanzunterschreitung auch gebissen. Man lebt sehr einsam mit einem solchen Hund. Das Problem an sozial motivierter Aggression ist, dass der Hund einen verlässlichen Sozialpartner, meist Mensch oder Hund, braucht, um diesen zu verteidigen. Bei statusbedingter Aggression braucht der Hund einen Sozialverband, in dem er die statusbedingte Aggressionsform zeigen kann.

Im Tierheim, in einer festen Gruppe mit festen Regeln und klaren Hierarchien, kommen diese beiden Aggressionsformen selten vor. Vermutlich werden deshalb immer wieder Hunde mit Beißvorfall von Tierheimen weitervermittelt, ohne dass dieser Vorfall den neuen Besitzern mitgeteilt wird, da die Hunde im Tierheim keinerlei Aggression zeigen. Man nimmt die Aussagen nicht ernst.

»Du kommst hier nicht rein« – Territorialverhalten

Senta

Sentas Eltern waren ein Beauceron und ein Appenzeller Sennenhund, beides Hundetypen, die gezüchtet wurden, um Haus und Hof zu schützen. Die Mischung aus diesen beiden Hunden schien gelungen, heraus kamen sportliche, größere und optisch ansprechende Hunde. Die kleine Senta wuchs auf einem Bauernhof in einem kleinen Ort in Österreich auf und lernte alles kennen, was einen guten Hofhund ausmacht. Katzen mag sie, Großtiere auch, Hühner kennt sie und lässt sie in Ruhe. Sie ist eher zärtlich und vorsichtig bei innerartlichen Begegnungen.

Die Menschen auf dem Hof mochte sie auch, obwohl leider kaum jemand Zeit für den jungen Hund hatte. Man ging davon aus, dass Senta ihrer Natur gemäß genau weiß, was sie zu tun und zu lassen hat: Sie sollte bewachen und melden, aber niemandem schaden. Bei dieser Art des Aufwachsens kam tatsächlich ein sehr sicherer Hund dabei heraus. Je älter sie wurde, desto ernsthafter und klarer wurde sie. Schon lange hupte der Postbote, wenn er etwas abzugeben hatte, denn Senta machte ihm deutlich, dass er lieber nicht aus dem Auto aussteigen sollte. Bestechungsversuche lehnte sie strikt ab.

Nun gibt es jedoch auch in Österreich keine beschaulichen kleinen Bergdörfchen mehr ohne viel touristischen Publikumsverkehr. Senta kannte ihre Gemarkungsgrenze genau, für Wanderer und Besucher war diese Grenze unglücklicherweise unsichtbar. Es kam immer öfter zu Konfrontationen, die haarscharf noch zugunsten der Fremden entschieden werden konnten. Entweder stand der Bauer in der Nähe und rief sie zurück oder die Leute hatten einen Rucksack zum Abwehren und konnten den Rückzug antreten. Dennoch kam es, wie es kommen musste, der eine Besucher kam, bei dem Senta ohne Aufsicht war. Ihre Drohung, auf keinen Fall einen Schritt weiterzugehen, begleitet von heftigem Bellen und Scheinattacken, wurden wohl missverstanden oder ignoriert. Hunde, die bellen, beißen nicht? Doch! Senta tat das für sie Selbstverständliche und stoppte den vermeintlichen Eindringling mit einem herzhaften Biss in den Unterarm.

Für den Besucher war es eine äußerst schmerzhafte Erfahrung, für den Bauern ein nicht verzeihlicher Übergriff der Hündin. Ganz pragmatisch entschied er, den nächsten Besuch des Tierarztes zu nutzen, um sich der Hündin zu entledigen. Der Hund als Nutztier hatte seine Aufgabe nicht zur vollen Zufriedenheit erledigt. Als der Tierarzt auf den Hof kam, war Senta gerade einmal zwei Jahre alt, dabei, vollends erwachsen zu werden, und wunderschön. Der ansonsten hartgesottene Arzt entschied sich dagegen, den Hund zu euthanasieren, und versprach dem Besitzer, eine andere Lösung zu finden.

So kam es, dass der Hund in ein deutsches Tierheim abgegeben wurde, abgesichert mit einem Maulkorb. Für den Hund, der immer nur Kontakt zur eigenen Familie hatte und fremde Menschen wie Hunde als Feindbild begriffen hatte, brach eine Welt zusammen. Senta zog sich zurück und verweigerte jeglichen Kontakt zu den Pflegern im Tierheim. Es war zunächst die Hundegruppe des Tierheims, in der sie langsam auftaute. Selbst noch jung genug, fand sie bald Spaß am Kontakt und am Spielen. Durch Beobachten lernte sie, dass es durchaus auch Menschen gibt, mit denen man als Hund freundlich umgehen kann, und dass das Vorteile in Form von besonderen Aufmerksamkeiten und Leckerchen mit sich brachte. Der eigentliche Durchbruch kam, als es ein Pfleger schaffte, sich so weit mit Senta anzufreunden, dass sie sich einen Maulkorb aufsetzen ließ. Von da an wurde sie mit entsprechender Anleitung an verschiedene Gassigänger herausgegeben und sie konnte lernen, dass zumindest außerhalb ihres Territoriums den Menschen mit Freundlichkeit zu begegnen ist.

Im Gehege selbst nahm sie ihre genetisch auferlegte Aufgabe des Bewachens immer noch sehr ernst und ließ keinen Gast ungebeten herein. Schließlich interessierte sich eine Familie mit landwirtschaftlichem Betrieb für Senta, denn sie suchten genau einen solchen Wachhund, der niemanden auf das Grundstück ließ. Der Hund hatte viel Platz und eine nette Familie, die sich auch auf Spaziergängen schnell mit Senta anfreundete. Bald war es beschlossene Sache, dass der Hund in ein neues Zuhause umziehen durfte.

Innerhalb weniger Tage kam es allerdings zu folgenschweren Denkfehlern seitens der neuen Besitzer. Ein nach Hause bestellter Tierarzt sollte sich gleich die neue Hündin anschauen. Für Senta war das eine ganz klare Überschreitung ihrer territorialen Grenzen, die sie bereits nach einem Tag überschauen konnte, und darüber hinaus ein Übergriff in ihre Individualdistanz. Sie bremste die Aktion des Tierarztes mit kräftigem Biss aus und schickte ihn damit in den unverhofften Krankenstand. Den Grund für dieses Ereignis konnten sich die neuen Besitzer noch erklären. Als aber der eigene Sohn, der auswärts wohnte und zu Besuch kam, sofort ausgebremst und bei Betreten des Grundstücks gebissen wurde, war es mit der Toleranz vorbei. Ein Hund, der die eigenen Leute beißt, muss weg. Es gab kein Verständnis dafür, dass ein Hund die familiären Verhältnisse nicht unbedingt riechen kann und Senta eigentlich nur den von ihr erwarteten Job erledigte. Nicht immer kann man das Wesen des Hundes ausreichend vermitteln, auch wenn man sich die allergrößte Mühe gibt.

Zurück im Tierheim wurde nun vermehrt an Sentas Toleranzschwelle gearbeitet. Viele verschiedene Menschen wurden mit in den Auslauf genommen und Senta, wenn sie ein entsprechendes Aggressionsverhalten zeigte, gemaßregelt. Brummelnd auf Entfernung konnte sie beobachten, wie die anderen Hunde auf Besucher freundlich eingingen und entsprechend Vorteile genossen. Immer öfter zeigte sie Interesse, neugierig roch sie zunächst an den Menschen, später nahm sie zögernd Kontakt auf. Das hohe Ziel, dass sie irgendwann fremde Menschen in Begleitung des Pflegers, aber außerhalb ihres Territoriums, tatsächlich freundlich empfing, wurde erreicht. Ja, sie wurden sogar stürmisch begrüßt. Es durfte jedoch niemand ungefragt und ohne Begleitung den Auslauf betreten. Senta hatte nicht vergessen, wofür sie auf dieser Welt war. Am Zaun schon gab sie alles und sie war beeindruckend genug, dass kein noch so mutiger Mensch allein eingetreten wäre.

Es dauerte fast ein Jahr, bis sich ein Geschäftsbetrieb vorstellte, der einen guten Wachhund suchte, da bei ihnen eingebrochen worden war. Sie hatten schon immer Hunde, suchten einen sportlichen Hund, der Haus und Hof schützte, bekannten Personen aber freundlich begegnete. Ein Glück für Senta, der ihre rassetypischen Eigenschaften – so genetisch verankert, wie diese nun einmal sind – nicht restlos aberzogen werden konnten und die den neuen Besitzern sehr wohl bewusst waren. Senta hat jetzt den perfekten Lebensplatz gefunden – gefährdet sind jetzt nur noch Personen, die nichts Rechtes im Sinn haben und die Warnung am Firmenzaun ignorieren.

Dubby

Ein anderer Fall im Tierheim war Dubby, ein eleganter anderthalbjähriger Dalmatinermischling. Er wurde aus nicht mehr nachvollziehbaren Gründen von einer Tierschutzorganisation abgegeben. Da sich der Hund unsicher mit Abwehrschnappen zeigte, waren die Mitarbeiter der Organisation froh, ihn einem jungen Mann in Pflege geben zu können. Der wiederum war aufgrund einer psychischen Erkrankung viel zu Hause und hatte Zeit, sich um Dubby zu kümmern. Aufgrund des Verhaltens von Dubby vereinsamte der Mann zusehends, aber als er den Hund deswegen zurückgeben wollte, gab es diese Tierschutzorganisation nicht mehr. Nach verzweifeltem Suchen fand er ein Tierheim, das sich des Hundes annahm.

Es gab kaum Informationen zu Dubby. Er zeigte sich misstrauisch und distanziert, ja fast argwöhnisch. Er lernte zunächst die im Tierheim geltenden Regeln im Zusammenleben in einer Hundegruppe kennen. Neu für ihn war, dass keinerlei Hierarchien innerhalb der Gruppe geduldet wurden und Pöbeln am Zaun sofort unterbrochen wurde. Im Lauf der Zeit wurde er zugänglicher, und als das Eis gebrochen war, schwenkte sein Verhalten in das Gegenteil um: Er sprang die Pfleger an, rempelte, wurde aufdringlich, sehr fordernd und raumeinnehmend.

Dubby war bereits sechs Monate in dem Tierheim, als sich ein junger Mann für ihn interessierte. Die beiden waren sich auf Anhieb sympathisch. Es dauerte nach der Übernahme aber nur wenige Tage, da hatte Dubby bereits mehrere Personen gebissen, entweder an der Leine oder in der Wohnung. Manchmal ließ er sich zunächst streicheln, um dann umzuschwenken und zuzubeißen. Der hinzugezogene Hundetrainer, der von sich selbst sagte, er würde niemals nach Symptomen arbeiten, sondern immer Ursachenforschung betreiben, diagnostizierte ein Trauma in der Jugend und Angst vor Männern, ohne überprüft zu haben, wie der Hund auf Frauen reagierte. Da diese beiden Probleme, nämlich Angst und Trauma, kaum in den Griff zu bekommen seien, gab der junge Mann Dubby nach knapp drei Wochen zurück in das Tierheim.

Nach nur kurzer Zeit fand sich erneut ein sportlicher Mann, dem Dubby so gut gefiel, dass ihn auch die Vorgeschichte nicht abschreckte, und er nahm ihn zu sich. Wiederum nahm das Unheil seinen Lauf. Freunde des neuen Besitzers konnten nicht mehr zu Besuch kommen. Bei dem Versuch, den mittlerweile bei Hundebegegnungen an der Leine tobenden Hund mit Futter zu beruhigen, biss Dubby sogar den eigenen Besitzer. Spaziergänge waren kaum noch möglich. Ein zu Rate gezogener Hundetrainer empfahl, dass Besucher doch Futter in die Wohnung werfen und den Hund dann mit Leckerlis begrüßen sollten. Unterwegs solle der Besitzer zunächst einmal Sichtkontakt mit anderen Hunden vermeiden oder, wenn notwendig, ihn mit Futter von den Kontrahenten ablenken.

Eines Tages stand der Besitzer mit Dubby auf der Straße und unterhielt sich mit dem Nachbarn. Beide streichelten sie den Hund dabei, der das sichtlich genoss. Als aber beide Männer über die Türschwelle seines Territoriums schritten, blieb er kurz stehen, wurde steif, drehte sich um, flog fast zurück und biss dem Nachbarn in den Arm: »Du kommst hier nicht rein!«

Dubby wurde sogleich, nach nur vier Wochen, ins Tierheim zurückgebracht. Dubby hat eine ausgeprägte territoriale Aggression. Es bedarf eines durchsetzungsfähigen, sich dieser Problematik bewussten und verantwortungsvollen Menschen mit abgesichertem Gelände, wenn er noch einmal die Chance auf ein neues Zuhause bekommen soll. Dubby ist kein klassischer Am-Zaun-Krawallmacher – sein zukünftiger Halter muss, bei aller Freundlichkeit, die Dubby außerhalb seines Territoriums zeigen kann, schon auf die kleinsten Signale eingehen und den Hund beschränken, damit sein Verhalten nicht eskaliert und die Aggression andere gefährdet.

Jack

Als Jack dem Hundetrainer vorgestellt wurde, schien der Fall von vornherein klar zu sein: Rassetypisch »begrüßte« der Herdenschutzhund ihn alles andere als freundlich am Hoftor: Bellend und grollend tobte er an der Grenze zu seinem Besitz, den es zu verteidigen galt. Nachdem er einen Lieferanten gebissen hatte, mussten die Besitzer nun etwas unternehmen, denn Jack war natürlich aktenkundig geworden und es wurde ein Wesenstest angeordnet. Bei vielen Herdenschutzhunden ist es rassebedingt so, dass sie zwar in ihrem Revier aggressiv reagieren, aber außerhalb sehr umgängliche Hunde sein können, die sich gewöhnlich nicht weiter mit ihrer Umwelt beschäftigen. Nur Jack war auch außerhalb des Grundstücks Fremden gegenüber eher skeptisch – und das ist freundlich formuliert. Jack verhielt sich rassetypisch territorial, wenn auch nicht »lichtzyklusgesteuert«, also verschärft bei Dämmerung und Dunkelheit. Auch das wäre bei einem Vertreter dieses Rassetyps nicht ungewöhnlich, weil viele Hirten Herdenschutzhunde vor allem nachts einsetzen, wenn sie selbst sich nicht um die Herde kümmern können.

Im Lauf des Ersttermins stellte sich heraus, dass Jack das aggressive Verhalten jedoch nur in bestimmten Situationen so zeigte, dass Verletzungen drohten, ansonsten war er zwar skeptisch, aber eben nicht übergriffig Fremden gegenüber. Dieser Herdenschutzhund schien zu unterscheiden, wann er wie reagierte – es galt nun herauszufinden, was seine genauen Auslöser waren. Ausgeschlossen werden konnte ein rein territoriales Aggressionsverhalten, denn das würde mehr oder weniger in seinem Territorium immer gleich aussehen. Es zeigte sich, dass Jack sich je nachdem, wer von seinen Besitzern anwesend war, unterschiedlich verhielt: Nur wenn sich die Besitzerin zusammen mit ihrem Kind in Jacks Nähe aufhielt, reagierte er übergriffig heftig. Andere Familienmitglieder oder die Halterin allein lösten sein Verhalten nicht aus.

Jack war nicht nur territorial aggressiv, wie es für einen Herdenschutzhund typisch ist – er war auch sozial motiviert aggressiv und da ganz spezifisch ausgelöst durch die Halterin mit ihrem Kind oder (was selbstverständlich zum Schutz des Kindes nicht überprüft wurde) dem Kind allein. Diese Erkenntnis brachte einen enormen Vorteil mit dem Blick auf den in Kürze bevorstehenden Wesenstest. Die Besitzerin bestand den Test zusammen mit Jack problemlos – allerdings ohne in Begleitung ihres Kindes zu sein. Zeitnah und ohne Druck konnte dann an der nachhaltigen Verhaltensänderung bei Jack gearbeitet werden.

Zugegeben, eine solche spezielle Ausprägung findet man eher selten, wichtig ist jedoch, dass man trotz der augenscheinlichen Indizien den genauen Auslöser erkennt. Herdenschutzhunden das Verteidigen des Territoriums abgewöhnen zu wollen, ist praktisch unmöglich – man kann nicht Hunderte Jahre der Selektion, die genetisch derart tief verankert ist, auflösen und ein alternatives Verhalten dafür finden. An sozial motivierter Aggression kann man aber sehr wohl arbeiten und – in dem hier beschriebenen Fall – das übergriffige Verhalten mit Schädigungsabsicht am Menschen trainieren.

»Alles meins?« – Über Ressourcen und deren Verteidigung

Bella

Bella war eine Pariahündin, also eine Vertreterin eines sehr ursprünglichen Hundetyps, der auf praktisch allen Kontinenten vorkommt. Zu den Pariahunden werden beispielsweise auch die Thai Ridgebacks gezählt – es sind Hunde, die zwar in der Nähe des Menschen leben, aber deren Eigenschaften nicht durch Züchtung beeinflusst werden und die gewöhnlich nicht als Haushunde gehalten werden. Die kleine

Hündin Bella wurde von der Halterin während einer Urlaubsreise am Rand der nordafrikanischen Wüste zusammen mit ihren Welpen gefunden und in eine Auffangstation gebracht. Drei Monate später holte sie die Hündin schließlich zu sich nach Deutschland, wo sie fortan mit drei anderen Hunden zusammenlebte.

Gleich am zweiten Tag ihres Aufenthalts in ihrem neuen Zuhause verteidigte sie vehement alles Fressbare im Haus, sowohl gegen die anderen Hunde als auch gegen die neuen Besitzer. Schon nach kurzer Zeit hatte Bella sehr stark zugenommen, was sich schlicht und einfach damit erklären ließ, dass sie als wild lebender Hund bis dato nie mit dermaßen hochkalorischem Futter in Kontakt gekommen war, wie es ihr jetzt hier in unseren Breitengraden angeboten wurde. Ihr Körper und ihr Stoffwechsel waren an die knappen Ressourcen ihrer wüstenreichen, aber nahrungsarmen Heimat angepasst. Sobald kein Futter mehr zur Verfügung stand, das sie hätte verteidigen können, zeigte sie sich ausgesprochen verträglich und – für ihre Vorgeschichte – sehr freundlich und offen Menschen gegenüber.

Schon im Erstgespräch bei einem Hundetrainer konnte Bellas Besitzerin diesen gravierenden Unterschied im Verhalten detailgenau beschreiben und lieferte so den entscheidenden Hinweis auf die Motivation des Hundes: Ressourcenbedingte Aggression bezieht sich normalerweise ausschließlich auf das Objekt der Begierde, in Bellas Fall also auf das Futter. Hätte Bella darüber hinaus und noch in anderen Situationen aggressiv reagiert oder sich ihr Verhalten nicht so gravierend von dem in Anwesenheit von Futter unterschieden, hätte ein Hundetrainer überprüfen müssen, ob auch eine statusbedingte Motivation hinter der Aggression stecken kann. In Bellas Fall wurde über Management gearbeitet: Fressen durfte sie ohne Störung, der Konflikt wurde in dieser Situation gemieden. Mit unwichtigem Futter wurde die Wertigkeit von Nahrung separat reduziert und ein alternatives Verhalten belohnt.

Simba

»Bei Simba machen wir alles richtig«, sagte sich das Ehepaar, beide waren Anfang sechzig und in Rente. Früher waren beide berufstätig und hatten dabei noch Kinder großgezogen. Und sie hatten immer Hunde, die so nebenbei mitliefen, einfach da waren und nie Probleme machten. Doch die neuen Zeiten gingen nicht spurlos an den Eheleuten vorbei, sie hörten, dass man mit Hunden heute ganz anders umgehen müsse, und waren entsprechend verunsichert. Als sie auf einer Wanderung auf einem Bauernhof die Molosserwelpen sahen, entschieden sie sich, einen davon – wenn die Zeit gekommen sein würde – zu sich zu nehmen.

Sie suchten sich einen dicken, ruhigen Rüden aus. Vorher hatten sie schon alles gut vorbereitet. Zwei neue Körbchen, neue Näpfe, Leinen und die Adresse eines Hundetrainers, der nach neuesten wissenschaftlichen Erkenntnissen arbeite, hieß es. Simba war neun Wochen alt, als er über seinem Futternapf stand und böse knurrte. Früher hätten sie den kleinen Kerl einfach abgepflückt, kurz geschimpft und ihn ausgelacht. Aber das war früher. Bei diesem Hund würden von Anfang an keine Fehler gemacht, sagten sie sich und telefonierten mit dem Hundetrainer. Die erste Frage war: »Sie waren doch nicht böse zu ihm?« Nein, beteuerten sie, sie wollten erst fragen, wie man mit einem solchen Problem (das früher keines war) richtig umgeht. Der Trainer erklärte, dass der kleine arme Hund große Angst hätte, dass er nicht genügend Futter bekommen würde. Wilde Hunde müssten immer Angst haben, nicht genug zu fressen zu bekommen, das läge also in der Natur der Sache. Wenn also der kleine Hund knurre, sollten sie gut auf ihn einreden, ihn trösten und mit einem Löffel immer noch etwas Futter in seinen Napf geben. So würde er dann verstehen, dass immer genügend Futter da sei und seine Angst unbegründet sei.

Rein körpersprachlich, erzählten die Leute später, hätte der kleine Kerl schon sehr beeindruckend und wenig ängstlich ausgesehen.

Aber die Wissenschaft (Wäre es nur Wissenschaft gewesen!) hat ja bekanntlich recht, und so fütterten sie dem jungen Hund immer nochmal zu, wenn er knurrte und die Zähne zeigte. Bald biss er aber in den Löffel und es wurde immer schwieriger, das Futter in den Napf zu schaufeln. Sie verlängerten auf Anraten des Trainers den Löffel mit einem Stock. Damit der Hund mehr Vertrauen zu den Menschen bekäme, hatten sie sich einen Puppenarm besorgt, den man ebenfalls mit einem Stock verlängerte. So konnten sie den Hund gefahrlos mit einer (Puppen-)Hand füttern. Die Lösung war nicht von langer Dauer, denn Simba hackte in die Hand, bis sie völlig kaputt gebissen war.

Zunächst war es nur die Futtersituation, doch je älter der Hund wurde, desto mehr versuchte er, seine Schätze zu vermehren. Stöcke gab er nicht mehr aus, Spielsachen auch nicht. Er verteidigte alles, was er nur erwischen und bunkern konnte. Auch die Schuhe der Besitzer. Als der Rüde ein Jahr alt war – er wog mittlerweile fünfzig Kilogramm – und sein Verhalten immer schlimmer wurde, nahmen sie Abstand von den neuen Erziehungsmethoden und besannen sich auf das, was früher immer funktioniert hatte. Doch es war zu spät. Der Hund hatte gelernt, den Menschen Angst einzujagen, sie wegzujagen und von sich und allen seinen Reichtümern fernzuhalten. Außerhalb jenes Hauses, wo er dieses Verhalten gelernt hatte, beispielsweise beim Wandern, war er der perfekte Hund. Sie spazierten gemeinsam stundenlang. Er hörte aufs Wort, war brav, jagte nicht und blieb immer im Umkreis von fünf Metern, sodass man nicht einmal eine Leine brauchte. Wäre nicht das Problem zu Hause gewesen, das Ehepaar wäre sogar mit diesem Hund sehr glücklich geworden. Doch sie trauten sich kaum noch, sich zu Hause zu bewegen. Auch Versuche, ihn mit Leckerchen von einem Zimmer zum anderen zu locken, schlugen fehl. Wenn er etwas verteidigte, dann mit allen zur Verfügung stehenden Mitteln und ohne Kompromisse. Besuch zu bekommen, war unmöglich; wäre nur ein Taschentuch oder eine

Serviette heruntergefallen, undenkbar, wie groß die Gefahr für die Gäste gewesen wäre. Zudem führte der Weg zur Toilette an seinem Korb vorbei – manchmal war es selbst dem Ehepaar nicht möglich, an Simbas Körbchen vorbei dorthin zu gelangen, und man musste in ein anderes Stockwerk ausweichen.

Er war noch keine zwei Jahre alt, als diese geduldigen Menschen aufgaben. Man sprach mit dem Tierarzt, der nur einen Ausweg wusste: Euthanasie. Viele glückliche Zufälle später erfuhr ein Tierschutzverein von seinem Schicksal und gab ihm eine Chance. Die erste Zeit war hart für beide Seiten, es war gefährlich, wenn irgendwo ein Napf vergessen wurde. Er musste abgesichert gefüttert werden und ebenso abgesichert wurde ihm der leere Napf wieder abgenommen. Simba musste nun lernen, dass er tatsächlich nicht verhungern würde, auch wenn man ihm den Napf wieder abnahm, auch den vollen. Er wollte nicht akzeptieren, dass jemand neben ihm stand, schon gar nicht wollte er Berührungen bei Futteraufnahme zulassen. Bei jedem anderen Hund würde man ein solches Verhalten vielleicht sogar tolerieren. Ein Hund, der aber so massiv droht und auch angreift, wäre auf Dauer und im normalen Leben viel zu gefährlich für seine Umwelt.

Es war keine schöne Arbeit für die Trainer und Pfleger des Tierschutzvereins, nein, es war ein harter Kampf. Doch der mit den besseren Argumenten behält Recht. Und so ließ Simba sich immer besser auf solche Auseinandersetzungen ein und nahm sich dabei zurück. Bald war das Füttern kein Problem mehr, auch ein daran Vorbeigehen während des Fressens war ungefährlich. Manche Pfleger konnten ihm den Napf wegnehmen und wieder hinstellen, ohne dass er sich beschwerte. Mit diesen Trainingserfolgen war die Zeit gekommen, wo tatsächlich darüber nachgedacht werden konnte, ihn noch einmal in gute Hände zu entlassen. Ein Ehepaar mittleren Alters, das berufstätig war und deren Kinder aus dem Haus waren und die immer schon Hunde hatten, holten Simba zu sich nach Hause. Mit Anleitung und der großen Bitte, keine neuen Hundebücher zu lesen, sondern ganz nach Bauchgefühl, so wie es früher bei ihren Hunden auch funktioniert hatte, sich bei ihm durchzusetzen, nahmen sie ihn mit.

Mehrere Nachfragen ergaben, dass das Leben mit ihm nicht einfach ist, doch sie guten Mutes sind, dass es nach und nach noch besser wird – Simbas neue Besitzer sind auf dem richtigen Weg. Der Fall von Simba steht für eine ressourcenbedingte Aggression, weil alle weiteren Aggressionsformen, die im Lauf der Zeit auftraten, zwar eher statusbedingter Natur sind, aber auf der ursprünglichen Aggressionsform aufbauen. Durch das Training an diesem Problem reduzierten sich die anderen Verhaltensauffälligkeiten ebenfalls, denn nicht jeder Hund legt es unbedingt darauf an, einen höheren Status durchzusetzen.

Lucky

Im Gegensatz dazu sollen hier noch die Fälle der Hunde Lucky und Ludo beschrieben werden. Lucky, ein Beauceron-Mischling, wurde im Tierheim abgegeben, nachdem er einen ganzen Nachmittag den gut bestückten Grill im Garten seiner Halter so bewacht hatte, dass niemand sich mehr in seine Nähe traute. Die Familie mitsamt ihrer Gäste verzehrte letztendlich die vorbereiteten Salate, während das Grillgut – gut bewacht von Lucky – verkohlte. Wäre das der einzige Fall gewesen, in dem der junge Rüde sich so verhielt, könnte man sicher daran zweifeln, ob es eine sinnvolle Entscheidung war, Lucky abzugeben. Dem war aber nicht so: Lucky pflückte auch Himbeeren im Garten, um sie in seinen Korb im Wohnzimmer zu bringen und sie dort in gleicher Manier wie das Grillfleisch im Garten zu bewachen und zu verteidigen – ein Interesse an den Himbeeren, wie man es beim Grillfleisch gut nachvollziehen kann, hatte er gar nicht. Lucky war zu diesem Zeitpunkt gerade einmal sieben Monate alt.

Lucky ist ein interessantes Beispiel, weil das, was zuerst nach einer eindeutigen ressourcenbedingten Aggression aussieht, tatsächlich aber eine statusbedingte Aggression war. Nachdem Lucky das gleiche Verhalten unter Zuhilfenahme der Himbeeren zeigte, wurde deutlich, dass die eigentliche Motivation darin bestand, den eigenen Status mit aggressiven Mitteln zu verbessern. Um in Frage zu stellen, ob jemand Lucky etwas wegnehmen darf, nutzt er scheinbar wertlose Utensilien – in diesem Fall eben Himbeeren.

Ludo

Ludo wiederum ist ein Altdeutscher Hütehund, den das Tierheim übernahm, nachdem es mehrere schwere innerfamiliäre Beißvorfälle gegeben hatte. Seine Besitzer schilderten, dass ihnen niemand glauben würde, wie aggressiv er sich ihnen gegenüber verhalten würde, während er Fremden gegenüber »ein echter Schatz« sei. Tatsächlich dauerte es nur wenige Tage, bis Ludo auch im Tierheim begann, die Pfleger zu attackieren, wenn sie ihm »zu nahe« kamen.

Auch hier war der Verweis zur vermeintlichen ressourcenbedingten Aggression vorhanden: Ludo hortete immer ein Stück Fleisch, das ihn nicht zu interessieren schien. Die anderen Hunde in der Gruppe konnten problemlos daran schnüffeln und es ihm auch klauen. Wenn es nach draußen in den Auslauf ging, ließ er es achtlos auf seinem Liegeplatz liegen. Nur wenn man an ihm vorbeiging oder sich ihm näherte, kramte er die vermeintliche Ressource hervor und begann darüber den Konflikt, indem er die Person offensiv androhte. Stand keine Ressource in Form von Fleisch oder etwas anderem Fressbaren zur Verfügung, tat es auch ein Fussel oder ein Fransen von seiner Decke.

Der Tierarzt, der nicht Teil des Pflegerteams war und auch nicht regelmäßig in Kontakt mit Ludo kam, konnte ihn problemlos behandeln und auch bürsten. Sobald einer der Pfleger ihn genauer anschauen wollte, ging er sehr selbstbewusst und offensiv in die Attacke. Damit war auch eindeutig klar, dass es ihm nicht allein um Ressourcen ging, sondern darum, wer bestimmt, wer etwas darf und wer nicht. Ein Hund, der innerhalb seiner Gruppe hoch im Status ist, hat das Recht, selbst zu entscheiden – und als entsprechend sozialisiertes Haustier kann eben auch der Mensch als Gruppenmitglied angesehen werden und in Sachen Status in Frage gestellt werden.

Lucky und Ludo befinden sich beide noch in dem Tierheim, beide verteidigen gegenüber den Pflegern keine Ressourcen mehr. Eine Vermittlung ist allerdings eher unwahrscheinlich, weil beide Hunde ihr Verhalten nach der Vermittlung wieder zeigen würden und sie aufgrund ihrer Gefährlichkeit beim Team des Tierheims besser aufgehoben sind. Alles andere wäre verantwortungslos.

Angst versus Furcht

Tyson

Tyson wurde im Alter von sechs Wochen in einem fernen Land zusammen mit seinen Geschwistern auf der Straße eingefangen und landete in einem Tierheim. Engagierte Tierschützer erhofften sich für ihn ein schöneres Leben in Deutschland und nahmen sich seiner an. Während der Vorbereitungsphase lebte er mit den Geschwistern zusammen in einer Box, die einmal täglich grob sauber gemacht wurde. Erinnern kann er sich rückschließend aus seinem späteren Verhalten vermutlich nur an Gummistiefel, Schmutz und Feuchtigkeit. Es gab – so scheint es – keinen Menschen, der sich mit ihm beschäftigt hätte, während er heranwuchs.

Die nächste Etappe in Tysons Leben war ein langer Transport und die Ankunft in einem deutschen Tierheim. Als er aus der Box gehoben werden sollte, biss er heftig um sich. In Anbetracht seiner vermutlichen bisherigen Erfahrungen hatte er dieses Prozedere negativ verknüpft: als er eingefangen wurde und bei der tierärztlichen Behandlung, die für die Ausreise notwendig wurde. Der Pfleger, der sich nun bei seiner Ankunft um Tyson kümmerte, hatte einige Blessuren, bis der kleine Hund in seinem Zwinger saß. Die Tierheimmitarbeiter gaben sich in der nächsten Zeit Mühe, boten ihm Futter an, sprachen mit ihm. Doch er saß zusammengekauert in einer Ecke und drohte, wenn sie näher kamen. Welches alternative Verhalten hätte er auch bei seinem bisherigen Erfahrungsschatz zeigen sollen? Als seine Geschwister nach und nach ein neues Zuhause gefunden hatten, nahm sich eine Mitarbeiterin beherzt den Kleinen vor, der mittlerweile viereinhalb Monate alt war. In eine Decke gepackt legte sie ihm Halsband und Leine an und nötigte ihn, die Nähe der Menschen zu ertragen. Immer wieder wurde er so angefasst, angeleint und mitgenommen. Mit der Zeit merkte er, dass diese Situation durchaus auszuhalten war und etwas Abwechslung in den tristen Zwingeralltag brachte, denn mittlerweile war er allein – und die Neugier ist jungen Hunden angeboren, sie ist überlebenswichtig (siehe Exkurs »Deprivation« Seite 198). Nach einiger Zeit ging er schon ganz ordentlich an der Leine, nur das Anfassen bereitete ihm nach wie vor Schwierigkeiten.

Da kam überraschend Hilfe von einem Hundetrainer, der sich anbot, dem Tierheim kostenlos zu helfen und mit Problemhunden zu arbeiten. Als er sah, wie mit dem Junghund umgegangen wurde, war er erbost. Zwangsmaßnahmen könnten niemals zielführend sein, meinte er. Er übernahm die verantwortungsvolle Aufgabe, den kleinen Hund in unseren deutschen Alltag zu integrieren. Niemand sollte sich mehr um ihn kümmern, da es dem Hund Stress bereitete, wenn Leute ihn ansprachen. Es wurde nur noch sauber gemacht. Den Rest der Zeit saß der kleine Hund nun allein in einer Box, wartete und horchte auf die Geräusche im Gang. Man konnte ja nie wissen, wann die Zwingertür geöffnet wurde. Vierundzwanzig Stunden jeden Tag. Dreimal wöchentlich kam nun der Trainer für eine Stunde und setzte sich zu ihm. Er schaute ihn nicht an, sondern erzählte ihm viele Dinge, ja manchmal sang er sogar. Es war auszuhalten, da er ja nie näher an ihn herankam. Manchmal brachte er lecker riechende Dinge mit und legte sie auf den Boden. Tyson aß sie gierig, doch erst wenn der Trainer den Raum wieder verlassen hatte. Nach sechs Monaten intensiven Trainings auf diese Art und Weise waren die beiden kein Stück weiter, Tyson war nun ein Jahr alt. Der Trainer gab auf, sagte, der Hund sei nicht zu sozialisieren, und so wurde er in eine Hundegruppe eingeteilt, wo er fortan als »Phantom« lebte. Er war nie zu sehen, nur wenn man heimlich die Gruppe beobachtete, sah man, dass er mit den anderen Hunden spielte oder entspannt in der Sonne lag. Kam ein Mensch, war er weg. Es vergingen drei weitere Jahre, in denen Tyson für Impfungen oder andere Behandlungen mit der Fangstange gefangen wurde. Sein Fang wurde verbunden, der Hund wurde notwendigerweise gepackt und festgehalten. Dabei kam es jedes Mal trotz Vorsichtsmaßnahmen zu schwereren Verletzungen bei den Pflegern. Tyson gab alles, um sich die Menschen vom Leib zu halten. War die Prozedur beendet, wurde er schnell zurückgebracht und von allen Zwängen befreit, um ihm weitere Aufregung zu ersparen. Eine Pflegerin glaubte an ihn und setzte sich ebenfalls viele Stunden zu ihm. Sie schaffte es sogar, ihn manchmal kurz zu berühren. Er nahm Futter aus ihrer Hand. Man konnte meinen, er habe Vertrauen gefasst und ließe sich auf sie ein. So kam der Tag, dass sie ihn anleinen wollte – da war Tyson vier Jahre alt. Das war ein massiver Übergriff und Vertrauensbruch aus seiner Sicht und er attackierte sie regelrecht. Die Pflegerin kam ins Krankenhaus und sein Schicksal war damit eigentlich besiegelt.

Tyson wurde nach langen Diskussionen im Rahmen eines Workshops für Tierheimmitarbeiter einem Trainerteam als aussichtsloser Fall vorgestellt. Zuvor war er mit List und Tücke in eine Box gepackt und von seinen Pflegern dorthin bugsiert worden. In dieser Box saß er nun drohend. Mit viel Ruhe und Wahrung einer gewissen Distanz wurde er mit einer Fangstange aus der Box geholt. Vorsichtig verband man ihm die Schnauze, danach wurde mit viel Ruhe ein Maulkorb aufgesetzt und die Schlinge darunter vorsichtig wieder gelöst. Es war wohl eine Art Schockstarre wegen der fremden Umgebung, die vielen fremden Menschen und dieser ruhige Umgang, denn er wehrte sich kaum. Langsam wurde eine Leine am Halsband befestigt und die Fangstange gelöst. Zuvor hatte sich einer der Trainer nah zu ihm gestellt. Wollte er vorsichtig flüchten, wurde er wieder herangezogen, ganz dicht ans Bein. Er merkte schnell, dass alles andere stressiger war als das ruhige Ausharren bei diesem Menschen. Nun bewegte sich der Mensch weg und zog ihn wieder zu sich; sich zu wehren war kein Ausweg. Ganz ruhig wurde er wieder herangezogen; setzte er sich hin, wurde die Leine locker gelassen.

Während der ganzen Prozedur wurde viel gesprochen und erklärt, ohne den Hund weiter zu beachten. Irgendwann kam die Hand, sie legte sich einfach auf den Brustkorb. Tyson erstarrte. Wie gedankenverloren kraulte die Hand mit festem Griff das Fell, während der Trainer weiter mit den anderen Kursteilnehmern sprach. Unter der Hand nahm die Körperspannung langsam ab, man konnte zusehen, dass er die Berührung fast genießen konnte. Die erzwungene Nähe und die souveräne Berührung gaben ihm Sicherheit. Langsam entspannte er sich. Im Verlauf dieses Tages forderten von ihm viele verschiedene Kursteilnehmer diese Nähe ein. Immer die gleiche Prozedur, immer wieder Berührungen. An der Leine gehen hatte er als kleiner Kerl ja schon gelernt, so ging er wenig später zwar verschreckt, aber nicht panisch mit, wenn man mit ihm den Raum verließ. Während der ganzen weiteren Veranstaltung wurde Tyson mitgeführt, mal in einen Auslauf mit Hunden, mal auf eine Wiese, wenn man mit anderen Hunden arbeitete, immer wieder die Nähe eines Beins, immer wieder kam die Hand, die er am Ende des Tages als angenehm empfand – zumindest verspannte er sich nicht mehr bei Berührungen. So war es dann auch kein Problem mehr, ihn sanft in die Box zu führen, Leine und Maulkorb blieben am Hund.

In den nächsten Tagen behielt Tyson den Maulkorb auf. Er wurde mit der Leine täglich aus der Box geholt und immer wieder ganz selbstverständlich zu den alltäglichen Gängen durch das Tierheim mitgenommen. Immer wieder ganz nebenbei, zum Beispiel am Schreibtisch sitzend, wurde er herangezogen und gestreichelt. Nach wenigen Tagen konnte man ein Ritual etablieren, abends den Maulkorb abziehen und morgens sanft mit Fangstange in Ruhe wieder aufsetzen. Vier Wochen später lief Tyson frei in der Mitarbeiter-Hundegruppe, ließ sich jederzeit an die Leine nehmen und genoss Streicheleinheiten. Nun konnte auch am Grundgehorsam trainiert werden. Bald konnte er Sitz, Platz und ging über Hürden. Nach zwei weiteren Monaten war kein Maulkorb mehr notwendig, obwohl täglich dieses Ritual des Aufsetzens beibehalten wurde.

Tyson konnte inzwischen vermittelt werden und lebt als Zweithund bei einer neuen Besitzerin. Er liebt die Nähe der Menschen und ist so angstfrei, dass er bei Spaziergängen frei laufen kann.

»Meinst du mich oder meinst du jeden?« – Umgelenkte Aggression

Selbstverständlich muss man, wie bei anderen Aggressionsformen auch, bei umgelenkter Aggression genau hinschauen, mit welcher Motivation der Hund umlenkt, wenn man sein Verhalten ändern möchte. Man darf keinesfalls den Fehler machen und vorschnell urteilen, egal ob gegen den Hund oder den Halter. Zu schnell wird eine umgelenkte Aggression, für die es manchmal keinen konkreten Auslöser zu geben scheint, als gravierende Störung interpretiert. Dann kann eine Bearbeitung des Problems durch Training unmöglich erscheinen. Dem muss nicht so sein.

Max

Ein Beispiel aus der Praxis erzählt von einem Paar, das in das Tierheim vor Ort ging, weil sie sich zur Vervollständigung der jungen Familie einen Hund zulegen wollten. Bis dato hatten beide keinerlei Erfahrung mit Hunden und teilten das den Tierheimmitarbeitern auch so mit. Es solle ein größerer, aber lieber Hund sein. So wurde ihnen Max, ein Herdenschutzhund-Mischling, ans Herz gelegt. Ein zu diesem Zeitpunkt knapp zweijähriger Rüde, der ihnen auch gefiel. Sie hatten sich im Vorfeld schon gut informiert, was im Zusammenleben mit einem Hund zu beachten sei. Anfangs war alles so, wie sie es sich vorgestellt hatten, der Hund war fröhlich, genoss die Aufmerksamkeit und die Bewegung. Als er anfing, Besucher anzubrummen, wurden sie unsicher und fragten im Tierheim nach, was sie denn tun sollten. Sie bekamen einige gut gemeinte Tipps einer ehrenamtlichen Helferin, die allerdings keine einschlägige Ausbildung genossen hatte, wie sich im Nachhinein herausstellte.

Draußen fing Max an, unruhig zu werden, Begegnungen mit fremden Hunden wurden lautstark kommentiert. Völlig verunsichert begann nun eine Odyssee durch mehrere Hundeschulen. Der Hund besserte jeweils einige Tage sein Verhalten oder er zeigte sich im Beisein des Trainers brav, zu Hause und allein entwickelte er sich zum Berserker. Dazu kam nun gesteigertes Interesse an Wild, Max fing an zu jagen. Das Jagdverhalten wurde in den folgenden Hundeschulen durch Ablenkung, Umlenkung und viel Bewegung angegangen, um es in den Griff zu bekommen. Mittlerweile tobte Max an der Leine, wenn er in weiter Entfernung einen Hund sah. Egal, was die

Besitzer auch taten, er eskalierte völlig und fuhr herum, um ihnen in den Oberschenkel zu beißen. Ab diesem Zeitpunkt wurde er mit Maulkorb geführt, um schlimmere Verletzungen zu vermeiden. Der Hund war wie von Sinnen.

Dem Paar wurde nun geraten, Max in einer Tierklinik vorzustellen, was in Anbetracht seines Verhaltens wenig überraschend war. Es bestand die Befürchtung, dass er einen Hirntumor (eigentlich eine wirklich seltene Erkrankung bei Hunden) haben könnte, der sein Verhalten auslöst, und dass er eingeschläfert werden müsste. Der Hund gebärdete sich bei der Vorstellung unglaublich aggressiv, die Besitzer hielten ihn mit stoischer Ruhe und ließen auch seine Attacken über sich ergehen. Auffallend war die Unruhe des Hundes, er blickte ständig nach oben, angeblich auf der Suche nach imaginären Eichhörnchen, rannte ununterbrochen hin und her und nahm zu keiner Zeit Kontakt zu den Besitzern auf. Zu Hause sei er ähnlich unruhig, erzählten die Besitzer, streicheln gehe nur noch sporadisch, weil Max nicht mehr zur Ruhe komme. Der zurate gezogene Tierarzt sah den Hund nur auf Entfernung, man konnte sich ihm nicht einmal mehr auf zehn Meter nähern – und er hielt es deswegen für unmöglich, Aufnahmen von Max' Kopf zu machen. Er empfahl einen weiteren Hundetrainer und die Verschiebung der Untersuchung im Sinne des Hundes.

Die Besitzer waren jetzt misstrauisch, sie wollten keinen weiteren, unnütz erscheinenden Rat mehr, sie wollten ihr Problem einfach nur noch gelöst wissen. Inzwischen waren Spaziergänge kaum mehr durchführbar, weil Max wie ein Stier zog und jeden Anlass nahm, um nach vorn oder eben auch nach hinten zu attackieren. Eine Rückgabe in das Tierheim schied allerdings aus, weil die Besitzer sich berechtigte Sorgen um die Zukunft des Hundes machten und Max dafür eigentlich viel zu sehr mochten. Es musste ganz schnell etwas passieren.

Es bedurfte einiger Überzeugungskraft des durch den Tierarzt empfohlenen Hundetrainers, um die Besitzer zu motivieren, sich auf eine komplett neue Art im Umgang mit dem Hund einzulassen. Der Hundetrainer wollte diesen Ansatz versuchen, denn er hatte sich berichten lassen, woher der Hund kam und wie sein Werdegang war. Es stellte sich nämlich heraus, dass es ein Import aus einem osteuropäischen Land war, dass Max erst wenige Wochen in Deutschland war, als er vermittelt wurde, und mindestens eine Vorvermittlung ebenfalls an einem Beißvorfall gescheitert war. Das Training beruhte auf folgender Schlussfolgerung: Der Hund war völlig überfordert mit den Angeboten der neuen Halter, mit der ungewohnten intensiven Ansprache und mit der massiven Reizüberflutung durch seine neue Umwelt, und so flippte Max förmlich aus. Basierend auf diesem Wissen wurde Max »entschleunigt«. Weniger Bewegung, weniger Aufmerksamkeit, weniger Leckerchen, aber dafür gemeinsame Ruhe, die anfangs erzwungen werden musste. Max reagierte sehr schnell darauf und nahm diese Form des Zusammenlebens gerne an, entsprach sie doch viel mehr dem, was er kannte, und dem, was er genetisch mitbrachte. Das Thema Jagd war bald keines mehr und auch die Attacken gegen die Besitzer konnten unterbrochen werden und hörten bald vollständig auf. Es dauerte eine geraume Zeit, bis er auch Hundebegegnungen entspannter sehen konnte, mit einer erarbeiteten Souveränität seitens der Besitzer hörten aber auch diese Attacken auf. Nur bei Besuchern trug er zu Hause weiterhin einen Maulkorb, weil das die Besitzer beruhigte, was wiederum eine positive und entspannende Auswirkung auf Max hatte. Mittlerweile ist Max völlig unauffällig, ein ruhiger Geselle, der es genießt, zu Hause zu bleiben, ruhig auf dem Sofa schläft, während die anderen Hunde, die mittlerweile im gleichen Haushalt leben, die Sportangebote der Besitzer gern annehmen. Er wird als der Herdenschutzhund-Typ, als der er sich außerdem herausstellte, immer wachsam bleiben, denn Territorialverhalten ist bei ihm fest verankert. Aber heute tut Max das auf eine sehr lässige und gut zu handhabbare Art und Weise.

»Der tickt doch nicht richtig!« – Verhaltensstörungen

Balko

Balko, ein wunderschöner einjähriger Schäferhund aus einer Leistungszucht, sollte euthanasiert werden. Er rannte ohne Unterbrechung viele Stunden stereotyp Kreise mit tiefen Furchen in den Boden und ließ sich nicht davon abbringen. In den Ruhephasen biss er sich selbstverletzend (autoaggressiv) so in die eigene Rute, dass sie tiefe offene Bissverletzungen hatte. Auch in diesem Verhalten ließ er sich nicht unterbrechen. Eine tierärztlich verordnete Medikation brachte keinen Erfolg.

In so einem Fall stellt sich die berechtigte Frage, woher diese offensichtliche Verhaltensstörung kommt. Natürlich bringen Hunde gegebenenfalls genetische Anlagen mit, die ein solches Verhalten begünstigen (für Malinois: Cao et al., 2014). Es ist auch bekannt, dass Haltungsbedingungen dafür verantwortlich sein können. Beides traf sicher bei dem jungen Balko zu. Er wurde fast ausschließlich im Zwinger gehalten und sollte in den Schutzhundedienst. Die Vermutung liegt nah, dass der Hund, der Menschen sehr zugetan war, sich übermäßig freute, wenn er aus dem Zwinger kam. Allerdings passierte das fast ausschließlich nur zu dem Zweck, auf dem Hundeplatz Leistung zu zeigen. Während des Umgangs mit dem Menschen war Balko also ständig in einem sehr hohen Erregungslevel.

So »aufgeheizt« wurde er dann zurück in die Isolation des Zwingers gebracht. Schon mit sechs Monaten zeigte Balko erste selbstzerstörende Verhaltensweisen. Herangezogene Trainer rieten – denn immerhin ist Balko ein Gebrauchshund, der für Leistung gezüchtet wurde – zu mehr körperlicher Auslastung, was den Hund aber nur noch irrer machte. Ein Versuch, ihn in diesem Zustand als letzte Lösung in der Wohnung zu halten, scheiterte ebenfalls. So war Balkos

Einschläferung schon beschlossene Sache, als sich in letzter Minute eine andere Lösung auftat: Balko kam in ein Tierheim.

Eine Woche der Beobachtung bestätigte das zuvor beschriebene Verhalten. In der Folgewoche nahm man dem Hund jede Bewegungsmöglichkeit. Er wurde kurz angebunden und nur wenige Meter geführt, um sich lösen zu können. Dabei wurde er aber nicht allein gelassen, es war immer ein Mensch in seiner Nähe. Nach dieser Woche bekam er wieder mehr Freilauf, allerdings zunächst mit einem Maulkorb gesichert, damit er sich nicht wieder verletzen konnte. Die Spaziergänge wurden länger, und nach und nach konnte man den Maulkorb weglassen, wenn man ihm während des Laufens ersatzweise einen Stock zum Tragen anbot. Jegliches Kreiseln und auch das Jagen der eigenen Rute wurde sofort unterbunden.

Hilfreich war für Balko das Angebot von Ersatzhandlungen und Konzentrationsübungen. So bekam er Nahrung nur in Form von Trockenfutter, das im hohen Gras weit ausgestreut wurde. Er musste sich das Futter konzentriert und langsam einsammeln. Oder er bekam einen kompletten grünen Pansen oder große Rinderknochen, an denen er viele Stunden kaute. Diese Form von Beschäftigung machte ihn geistig und körperlich so müde, dass er immer längere Schlafphasen genießen konnte und so immer ruhiger wurde. Der Abbau stressbedingter Hormone wie Cortisol bedarf eines viel längeren Zeitraums, als es nach außen den Anschein hat – jeder Trainingsschritt, der von den Tierheimarbeitern zu früh angegangen worden wäre, hätte einen Rückschritt bedeutet. Bald hatte sich Balkos Störung so gebessert, dass er vermittelt werden konnte. Acht Wochen nach seiner Ankunft im Tierheim wurde er an ein reizendes, etwas älteres Ehepaar vermittelt, deren Leben sehr ruhig und organisiert verläuft. Das Wort »artgerechte Auslastung« wird von ihnen nicht ernst genommen. Es gibt keine Intelligenzspiele und nur normale, eher langsame Spaziergänge, um sich zu bewegen. Balko passt sich wunderbar diesem

Rhythmus an und zeigt in diesem so langweilig klingenden Alltag mittlerweile keine Verhaltensstörungen mehr.

Sam

Ein weiterer interessanter Fall war ein Rüde der Rasse Perro Pastor Vasco namens Sam, ein spanischer Hütehund und Direktimport von Tierschützern aus dem Herkunftsland. Aufgrund der Rassebeschreibung hatte die Besitzerin gleich damit begonnen, den Hund körperlich und geistig auszulasten, so wie sie es für notwendig hielt. Da Sam sehr unruhig war, wurde sein Beschäftigungsprogramm immer weiter gesteigert. Zu Hilfe gerufene Trainer bestätigten sie in der Arbeit: Agility, Treibball, Frisbee, Intelligenzspiele und alles Weitere, was der Markt so hergab, waren Teil des täglichen Auslastungsplanes. Sams Verhalten verschlimmerte sich jedoch immer mehr. Der Hund bellte im Haus ständig, rannte unruhig von Fenster zu Fenster, konnte sich nicht ablegen, er hechelte vor Stress. Draußen schrie der Hund an der Leine, Freilauf war unmöglich, er jagte alles, was sich bewegte, und er zeigte heftige Aggressionsattacken gegenüber Artgenossen. Es dauerte nicht mehr lange, da war ein Spaziergang unmöglich, dann auch die Arbeit auf dem Hundeplatz, da Sam sich kaum noch konzentrieren konnte. Die immer größer werdende Hilflosigkeit der Besitzer zeigte sich schließlich darin, dass der Hund als Lösung bei den notwendigen Gassigängen eine Augenbinde tragen musste, in der Hoffnung, er würde so keine ihn noch mehr stressenden Umweltreize empfangen. Da Hunde ihre Umwelt aber vor allem über ihr Gehör und ihre Nase wahrnehmen, veränderte sich sein Verhalten kaum.

Auch bei diesem Hund brachte eine drastische »Entschleunigung« die Wende. Es dauerte zwar einige Monate, in denen der Hund im Haus sehr eingeschränkt wurde und auch draußen nur noch langsam und konzentriert laufen durfte, doch auch er ist mittlerweile ein komplett normaler Hund, der frei laufen kann. Die einzige Beschäftigung, die er benötigt, um ausgelastet zu sein, ist das Spiel mit den beiden mittlerweile bei ihm wohnenden Artgenossen – und das ist tatsächlich normalerweise für einen Hund völlig ausreichend.

Ben

Ein abschließendes Beispiel ist der Schäferhundrüde Ben, der im Alter von acht Monaten ins Tierheim kam, weil er unkontrollierbare Beißattacken gegen alles und jeden zeigte. Nach der Eingewöhnung und Beobachtung fiel sein Gangbild auf, das stark von der Norm abwich. Röntgenbilder zeigten, dass Ben an schwerer Hüftgelenksdysplasie und dem Cauda-Equina-Syndrom litt – beides sind Erkrankungen, die bei Deutschen Schäferhunden häufig auftreten. Der Hund litt permanent unter großen Schmerzen und war dadurch dauerhaft schlecht gelaunt. Schmerzmittel und eine entsprechende Operation verbesserten seinen Zustand und sein Verhalten deutlich, auch wenn es unwahrscheinlich ist, dass er beschwerdefrei sehr alt werden wird.

Ben ist ein Beispiel für ein schmerzinduziertes Aggressionsverhalten, das auf den ersten Blick wie eine Verhaltensstörung wirkt. Auch wenn heute nur noch wenige Deutsche Schäferhunde tatsächlich als Gebrauchshunde gehalten werden, weil sie zuchtbedingt anatomisch dazu kaum noch in der Lage sind, besitzen sie oft noch den entsprechenden inneren Willen zur Leistung und auch eine gewisse Härte. Gerade junge Schäferhunde werden häufig im Hundesport geführt und sollen dort ausgelastet werden – eine durch Stress und unzureichende Haltungsbedingungen entstandene Verhaltensstörung wäre als Diagnose also nicht abwegig, wenn ein Hund wie Ben unkontrolliert aggressiv reagiert. Auch muss eine Verhaltensstörung nicht immer autoaggressiv ausfallen, wie es bei Balko der Fall war. Es macht in jedem Fall Sinn, bei aggressivem Verhalten, das keinen erkennbaren äußeren Kontext zu haben scheint, eine gründliche tiermedizinische Untersuchung einem möglichen Training voranzustellen, um auf mögliche schmerzbedingte Faktoren Einfluss nehmen zu können.

Exkurs: Deprivation

Der Begriff *Deprivation* (auch Hospitalismus oder Kaspar-Hauser-Syndrom) beschreibt in der Kynologie eine seltene Entwicklungsstörung, bei der ein Hund (oder ein anderes hoch soziales höheres Lebewesen) während seiner ersten Entwicklung so reizarm heranwächst, dass sich die fehlenden sensorischen Eindrücke im Nervensystem abzeichnen. In der Folge fehlt es dem System an der Komplexität, die notwendig ist, um im weiteren Verlauf des Lebens Reize der Umwelt verarbeiten zu können. Besonders relevant sind für solche Entwicklungen die sensiblen Phasen während der frühen Ontogenese des Welpen und Junghunds.

Damit ein Organismus derart reizarm aufwächst, muss einiges passieren. Zwar kann das Aufwachsen an einem Ort reizarm sein, was optische Eindrücke angeht, aber dass gleichzeitig auch jegliche Geräusche (akustische Reize) und Gerüche (olfaktorische Reize) praktisch nicht vorhanden sind oder sich nicht ändern, bedarf schon einiger Zufälle. Gesetzt den Fall, dass ein Tier unter solchen Bedingungen aufwächst, sind die neurologischen Schäden beziehungsweise die Unterentwicklung des Systems der Nerven irreversibel. Die Anzeichen einer Deprivation sind diffus:

- Angst vor Unbekanntem, dann auch vor unbekannten Geräuschen, Gerüchen oder optischen Reizen
- Angst vor Menschen, Artgenossen und anderen Tieren
- Angst der belebten und unbelebten Umwelt gegenüber

Betrachtet man die Symptome, die Menschen mit Deprivationsschäden zeigen, erkennt man die Mannigfaltigkeit dieser Problematik und damit auch die Schwierigkeit einer eindeutigen Diagnose.

Viele problematische Verhaltensweisen werden heute Deprivationsschäden zugeschrieben, ohne dass eine tatsächliche physiologische Deprivation existiert. Hunde, die während der Sozialisierungsphase über- oder unterfordert wurden, deren Charakter nicht so ist, wie er gewünscht ist oder der Rasse zugesprochen wird (oder genau so wie es das Zuchtziel fordert), oder Hunde, die sich in der Pubertät befinden, die zu Unsicherheit neigen oder an einer Erkrankung leiden, werden heute als depriviert beschrieben. Hinzu kommen noch solche Tiere, die krankheitsbedingt ein ungewöhnliches Verhalten oder Unsicherheit zeigen und der Umwelt gegenüber nicht so aufgeschlossen sind, wie es gewünscht wurde.

Je nachdem, in welcher Phase ein Hund unter Deprivation litt, lassen sich die Auswirkungen mit Geduld und Verständnis durch Training behandeln. Schwierig wird es, wenn die Schädigung derart umfassend ist, dass angebotene Erfahrungen vom System nicht verarbeitet werden können und der Hund keine Möglichkeit hat, sich zu entwickeln. Als Alternative bleibt ein angemessenes Verhaltensmanagement, das notwendig sein kann, weil angstaggressives Verhalten gefährlich und für alle Beteiligten unzumutbar ist.

KAPITEL 6

Selbstschutz und Trainingsstrategien – Praktische Ausführungen

> Hunde, die beißen – aus welchen Gründen auch immer –, sind eine ernsthafte Gefahr für die Gesundheit der Menschen, die mit ihnen umgehen. Dieser Abschnitt mag Texte enthalten, die so klingen, als könnte man sie nacharbeiten. Davon raten wir unbedingt ab! Bitte suchen Sie einen erfahrenen professionellen Hundetrainer auf, der sich in diesem Verhaltensbereich speziell weitergebildet hat.

Egal, wie man es dreht und wendet – es gibt keine Anleitung, kein Protokoll, das man anwenden kann, wenn es um Hunde im Allgemeinen und um Aggressionsverhalten im Speziellen geht. So hilfreich es erscheinen mag, eine Schritt-für-Schritt-Trainingsmethode für das Problem an die Hand zu bekommen: Es geht einfach nicht. Zu individuell sind die Konstellationen aus Hund und Halter, aus gelebtem Alltag und Erfahrungswerten im Leben eines Hundes und seines

Menschen. Das Thema Aggressionsverhalten ist gleichzeitig mit so viel Leidensdruck auf Seiten der Besitzer eines solchen Hundes verbunden, dass die Gefahr enorm groß ist, dennoch in die Versuchung zu geraten, einfach mal etwas auszuprobieren. Vielleicht etwas, das man im Fernsehen gesehen hat, wovon im Internet berichtet wurde oder was in einem Buch steht. Vielleicht schämt man sich auch für das Verhalten des eigenen Hundes, ist besorgt, verurteilt zu werden oder zu erfahren, dass das Problem des Hundes derart gefährlich ist, dass sich daraus Konsequenzen ergeben, die die Haltung und das bisherige Leben gravierend verändern.

Wenn es um Aggressionsverhalten geht, muss man sich eines immer wieder bewusst machen: Das eigene Wohl, das der Mitmenschen, das fremder Hunde und anderer Lebewesen ist es nicht wert, riskiert zu werden. Die Bindung zum eigenen Hund mag noch so eng, noch so emotional sein – man hilft dem Hund und sich selbst nur, wenn man reagiert. Das erfordert viel Mut, das steht außer Frage. Aber es lohnt sich! Je schneller man sich an einen professionellen Hundetrainer wendet, nachdem sich das Verhalten des Hundes als Problem herauskristallisiert hat, desto wahrscheinlicher ist es, dass man die Hilfe findet, die man benötigt, und dass eine Lösung des Problems in Aussicht steht.

In diesem Buch wird es keine Anleitungen zum Training von aggressiven oder gefährlichen Hunden geben. Einschlägige Erfahrung mit dem Herumprobieren aufgrund von Gesehenem oder Gehörtem lässt diejenigen, die sich mit der Problematik auseinandersetzen, vorsichtig werden: Was bei Susi, dem am Zaun kläffenden Hündchen, in der Fernsehserie mithilfe eines erbosten »Nein!«, dem Wurf einer PET-Flasche und dem Belohnen für Nichtkläffen funktioniert, kann bei Brutus zu einer hochgefährlichen Eskalation der Lage führen. Weil er kein Hündchen ist, weil der Zaun zu niedrig ist, weil es eigentlich um einen ganz anderen Konflikt geht … oder weil Brutus das Wort »Nein« gar nicht kennt. Der immer wiederkehrende Aufruf, einen erfahrenen Hundetrainer aufzusuchen, ist die einzig sinnvolle Lösung, wenn Hilfe benötigt wird. Andererseits soll hier dennoch ein Einblick in das Training gegeben werden – auch, um Hundetrainer, die sich vielleicht bisher noch nicht an diese Thematik gewagt haben, zu ermutigen, sich eingehender damit zu befassen. In kaum einem anderen Bereich des Hundetrainings ist so viel Kenntnis nötig, kann man aber auch so viel lernen und so viel Gutes tun, am Hund und am Menschen.

Fortbildungen zum Aggressionsverhalten bei Hunden gibt es heutzutage in Hülle und Fülle. Ganze Symposien über mehrere Tage werden nur zu diesem Thema organisiert. Tierheime und Hundetrainer, die sich auf Aggression spezialisiert haben, bieten Praktikumsplätze, geben Seminare und Workshops und teilen ihr Wissen gern. Das, was die meisten von ihnen immer wieder motiviert, lässt sich – nicht mehr ganz – zwischen den Zeilen hier im Abschnitt »Fallstudien« nachempfinden: Fehleinschätzungen und falsches Training verschlimmern die Situation hin und wieder in einem Ausmaß, dass es dramatisch für alle Beteiligten ist. Es gilt, diese Lücke zu schließen und Hundetrainer dazu anzuhalten, sich entweder entsprechend fortzubilden oder Anfragen zu solchen Problematiken an erfahrene Hundetrainerkollegen weiterzuleiten. Ansonsten gilt das, was immer gilt: Bitte nicht nachmachen!

Was tun? Handlungsstrategien für Hundehalter

Wenn man ehrlich ist, dann ist für jeden – egal ob einfacher Hundehalter, Hundetrainer oder Tierheimleiter – das erste Mal unschön, wenn der eigene Hund aggressiv reagiert. Es wäre unehrlich, nicht zuzugeben, dass schon Tränen vor Enttäuschung oder Frust geflossen sind. Besonders in der heutigen Zeit, in der der Hund für so viele ein fast ebenbürtiges Mitglied der Familie ist, ja vielleicht sogar den sozialen Kontakt zu Menschen, wie beispielsweise der eigenen Familie, ersetzt, kann der Schock über das so grausam wirkende Aggressionsverhalten des eigenen Hundes einen Halter tief erschüttern. Solche Gefühle sind vollkommen in Ordnung, sie sind normal, auch wenn sie nicht schön sind. Wichtig ist, was man aus der Erfahrung macht, die man mit seinem Hund erlebt hat.

Es muss einem bewusst werden, dass der Hund eben kein Mensch ist, sondern – je nach Individuum – ein recht imposantes und im schlimmsten Fall auch für den Menschen nicht ungefährliches Raubtier. Man muss sich klarmachen, dass ein Teil der Gefühle, die man erlebt, auf der ganz natürlichen Bindung beruht, die man mit einem Haustier, mit dem man so eng zusammenlebt, eingegangen ist. Egal, ob es Trauer, Wut oder Enttäuschung ist, was man empfindet, man sollte so schnell wie möglich den Weg der Sachlichkeit einschlagen und sich überlegen, welche Maßnahmen als Nächstes notwendig sein könnten. Möglicherweise erkennt man, dass der Hund ein vollkommen normales Verhalten gezeigt hat, beispielsweise weil er als intakter Rüde auf einen anderen intakten Rüden getroffen ist und die beiden sich einfach etwas zu sagen hatten und etwas klären mussten. Sollte das Aufeinandertreffen ohne große Verletzungen und damit eigentlich angemessen abgelaufen sein, könnte man sich überlegen, ob solche Ereignisse entwicklungsbedingt von nun an öfter auftreten könnten.

Ist das Ereignis nicht so glimpflich ausgegangen und es wird deutlich, dass sich der eigene Hund unangemessen verhalten hat oder sein Verhalten im gegebenen Umfeld problematisch ist, sollte man sich nun daranmachen, zu verhindern, dass sich das Ereignis in der Form wiederholen kann. Gegebenenfalls oder wenn man sich der Ursachen nicht vollkommen sicher ist, kann man bis zu einer fortschreitenden Erkenntnis den Hund an der Leine absichern. Heute bekommt man auch in jedem gut sortierten Zoofachhandel einen Maulkorb zu kaufen, falls man das Gefühl hat, ihn zu benötigen. Je nach Ausmaß des Ereignisses wäre es ein fataler Fehler, das Geschehene auszublenden und so zu tun, als wäre nichts passiert. Anderen Hunden oder gar Menschen gegenüber wäre das unverantwortlich und würde im schlimmsten Fall nicht nur das Wohl des anderen, sondern auch das eigene nachhaltig beeinträchtigen. Wer ein Raubtier hält, muss auch die Verantwortung für dieses Tier übernehmen – in guten wie in schlechten Zeiten.

Der nächste Schritt kann, sofern notwendig, die Recherche nach einem guten und erfahrenen Hundetrainer sein; Hundetrainer, die sich besonders im Aggressionsbereich weitergebildet haben (und das trifft nicht auf jeden Hundetrainer zu – es gibt solche, die sich nicht mit diesem Teil des Verhaltensspektrums befassen) und dort eine fundierte Erfahrung vorweisen können. Wenn es darum geht, die Motivation, also den Auslöser für Aggression zu analysieren, kommt der Hundetrainer in der Praxis nicht daran vorbei, dieses Verhalten mindestens ein weiteres Mal auszulösen, um die Intensität und die eigentlichen Hintergründe zu sehen und anhand der so gewonnenen Erkenntnisse einen Trainingsplan zu erstellen.

An diesem Punkt wird der Hundetrainer oft mit der Frage konfrontiert, warum man denn den Hund auslöse, wo diese Situation für das Tier doch Stress bedeute. Rein emotional ist dieser Einwand natürlich verständlich und in der Arbeit und im Zusammenleben mit einem solchen Hund hat man oftmals die Möglichkeit, den Auslöser und damit den Stress für alle Beteiligten zu vermeiden. Hundetrainer sprechen dann oftmals von Management: Man löst das Problem nicht, indem man an der Ursache arbeitet, sondern umschifft es, indem man den Konfliktpunkt immer zu vermeiden versucht. Einen Hund, der zum Beispiel sein Futter verteidigt, kann man auch dahingehend managen, dass man dafür Sorge trägt, dass er ungestört fressen kann. Einen Hund, der das Grundstück sehr ernsthaft verteidigt, kann man in einen anderen Raum sperren, wenn Besuch kommt.

Die Voraussetzung für solche Managementmaßnahmen ist jedoch, dass sie realitätsnah umzusetzen sind, ohne dass von dem Hund eine Gefahr für die Umwelt ausgeht. Außerdem muss man sich als Besitzer darüber im Klaren sein, dass diese Maßnahmen keine Verhaltensänderungen bewirken und dementsprechend ein Hundeleben lang verantwortungsbewusst sichergestellt werden muss, dass beispielsweise nicht doch mal ein Besucher plötzlich im Hof steht. Management bedeutet – gerade wenn es sich um Hunde handelt, die gegen Menschen beschädigend vorgehen – eine hundertprozentige Absicherung. Und das kann sehr belastend sein. Allerdings muss dafür bekannt sein, was die genauen Verhaltensauslöser des Hundes sind – kennt man nur einen nicht, kann man nicht für vollständige Sicherheit sorgen.

Damit man mit dem Hund an einem Verhaltensproblem arbeiten kann, ist es notwendig zu wissen, warum und wann er Aggression zeigt. Um das Verhalten zu ändern, muss man die Motivation kennen, die das Verhalten auslöst. Die Beurteilung sollte man unbedingt Hundetrainern überlassen, die sich mit diesem Themenkomplex detailliert auseinandergesetzt haben und angemessen analysieren können, warum ein Hund sich so verhält. Sie kennen dann auch die Möglichkeiten, die man hat, um das aggressive Verhalten so zu trainieren, dass eine Änderung eintreten kann.

Handlungsstrategien für Hundetrainer

Bei der Arbeit mit gefährlichen Hunden ist der Selbstschutz am wichtigsten, auch zum Schutz des Hundes und anderer Lebewesen. Das wird häufig vergessen. Gerade beim Thema Maulkorb, der ja so fürchterlich aussieht und Hunde per se gefährlich werden lässt, werden immer wieder Fehler gemacht und der Maulkorb vermieden, wo er eigentlich für Sicherheit und Ruhe im Training sorgen könnte. Entweder es werden keine Maulkörbe eingesetzt, die falsche Größe gewählt oder aber die Riemen nicht fest genug zugezogen, um dem Hund – so meint man – kein schlechtes Gefühl zu vermitteln. Diese Art der Rücksichtnahme hilft aber im Notfall keinem der Beteiligten.

Wird es aber brenzlig und der Hund geht in die Attacke, ist ein gut sitzender Maulkorb zunächst einmal wichtig für den Menschen in unmittelbarer Nähe. Rutscht der Maulkorb ab oder man hat sich gänzlich dagegen entschieden, ist der Mensch, der mit dem Hund arbeitet oder ihm am nächsten steht, unmittelbar gefährdet, gebissen zu werden. Daraus ergibt sich eine für die meisten Menschen nicht steuerbare Reaktion: In den meisten Fällen reagiert der Attackierte mit Schockstarre und lässt die Leine los. Das Wegfallen der Absicherung wiederum bietet dem Hund die Möglichkeit, sich zu entfernen, nun nicht mehr abgesichert. Der Radius der gefährdeten Menschen, aber auch anderer Lebewesen oder die Gefahr für den Hund selbst, beispielsweise durch den Straßenverkehr und Fahrzeuge, erhöht sich enorm.

Daher ist eine gute Vorbereitung notwendig, wenn man als Hundetrainer mit einem Hund arbeiten möchte, der sich aggressiv oder gefährlich verhalten könnte. Man sollte sich beschreiben lassen, welche Aggressionsformen der Hund zeigt. Auch seine Größe, seine Rasse, sein Alter, sein Geschlecht sollte man kennen. Ebenso wichtig und hilfreich sind Vorinformationen. Wie hat der Hund bisher gelebt, hatte er Kontakt zu anderen Hunden, anderen Tieren, fremden Menschen? Wie verhielt er sich in den jeweiligen Situationen? Man kann davon ausgehen, dass ein Hund, der mit anderen Hunden zusammengelebt hat, zumindest die Körpersprache der Hunde versteht und entsprechend reagieren kann. Man sollte erfragen, ob eine greifbare Sozialisierung stattgefunden hat. Hunde, die mindestens acht Wochen in einer Art Familienverband gelebt haben, können auch viele Jahre später auf das Erlernte aus den in der Entwicklung durchlaufenen sensiblen Phasen zurückgreifen. Darauf kann man als Hundetrainer aufbauen.

Gut abgesichert mit einem Maulkorb können solche Hunde auch nach vielen Jahren der Isolation in der Regel direkt in den Freilauf mit anderen Hunden geschickt werden. Wenn auch die Kommunikation zunächst holprig und spannungsgeladen stattfindet, so orientieren sich Hunde in für sie neuen Situationen natürlicherweise an den Artgenossen. Gegebenenfalls ist vielleicht sogar eine indirekte Arbeit ratsam. Der Hund kann die geltende Umfangsform und den Umgangston beobachten und schon manche Regeln verinnerlichen, bevor man als Mensch mit ihm direkt ins Gespräch tritt.

Anders ist es bei Hunden, die tatsächlich in der Sozialisierungsphase keinen Kontakt zu Artgenossen hatten. Das kommt bei manchen »Flaschenkindern« vor – in solchen Fällen hat möglicherweise die Mutterhündin die Geburt nicht überlebt, der Welpe war der einzig Überlebende. Solche Fälle treten auf, auch wenn vermutlich Findelkinder noch eine häufigere Variante dafür sind, warum ein Welpe in der wichtigen ersten Lebensphase ohne Artgenossen aufwächst.

Im Fall eines Rottweilers namens Filou kann man davon ausgehen, dass sein hochaggressives Verhalten eine Folge von Deprivationsschäden war. Der Hund war als einziger Welpe allein mit Flasche aufgezogen worden. Er hatte weder Kontakt zu anderen Hunden, noch war den Besitzern die Notwendigkeit bewusst, dass Interaktionen mit Sozialpartnern elementar für die Entwicklung des Welpen sind. Wann immer es Probleme gab, bekam Filou zur Beruhigung die Flasche. Anfangs Milch, später Wasser. Der Hund reagierte auf jeden Reiz aggressiv, nicht nur bei Menschen und Hunden, sondern auch wahllos jeglichen bewegten Objekten gegenüber. Er war das reinste Nervenbündel und trank ständig – jegliche Kontaktaufnahme war unmöglich, allerdings konnte er in seinem eigenen Zuhause mehr oder weniger gut leben. Eine Veränderung dieses Verhaltens wäre auf der Trainingsebene vermutlich nicht möglich gewesen, weil die physiologischen Schäden zu gravierend waren.

Dieser Fall ist ein Extrem, dem man so in den allerseltensten Fällen im Alltag begegnen wird. In den meisten Fällen, in denen Deprivationsschäden diagnostiziert wurden, ist ein langsames Heranführen an Alltagssituationen durchaus möglich.

Der Beißvorfall: Schilderungen analysieren, hinterfragen und auswerten

Irgendwann ist immer das erste Mal: Der Hund hat zugebissen! Das Geschrei danach ist erst einmal groß, die Nerven liegen blank. Es werden Beziehungen und Gefühle infrage gestellt. Oftmals werden vorschnelle Entscheidungen getroffen. Im Vordergrund steht ein tiefgreifender Vertrauensbruch, das rationale Denken funktioniert in diesem Moment nicht. Daher ist die wichtigste Entscheidung direkt nach dem Geschehen, erst einmal nichts zu tun. Der Hund muss, je nach Verhalten, zunächst abgesichert werden, um weiteres Unheil zu vermeiden. Dabei gibt es mehrere Alternativen: Solange der Hund Zugang zu Wasser und gegebenenfalls Futter hat, kann ihm, aber auch anderen Personen nichts passieren. So kann man ihn beispielsweise in einem anderen, abschließbaren Raum unterbringen. Der

Raum kann in jedem Stockwerk des Hauses sein. Man kann auch den Kontakt zu einer Hundepension aufnehmen oder zu guten handlungsfähigen Freunden, die allerdings in jedem Fall über das Geschehene informiert werden müssen. Auf keinen Fall sollte man das Wohl anderer riskieren, indem man sie, nur um in dieser Situation den Hund »loszuwerden«, in Unwissenheit lässt. Als Nächstes hilft es, tief durchzuatmen, vielleicht sogar eine Nacht darüber schlafen und das Ereignis sacken lassen. Im Schlaf kann der Mensch vieles verarbeiten und am nächsten Tag mit neuer Energie und einer gewissen inneren Aufgeräumtheit weitersehen. Auch wenn die Situation für den Hund zunächst nicht optimal ist, vorschnell aus der Hysterie heraus getroffene Lösungen sind meist langfristig gesehen noch schlechter für ihn und alle anderen Beteiligten.

Die räumliche Trennung gibt beiden Seiten – sowohl Mensch wie Hund – etwas Zeit nachzudenken, was überhaupt geschehen ist. Oft steht in diesen hochemotionalen Momenten zunächst eine Euthanasie oder im besten Fall die Abgabe an ein Tierheim zur Debatte. Auch daher ist die primäre Sicherheitsverwahrung wichtig, denn in Gegenwart des Hundes fallen solche Gedanken oder Diskussionen wesentlich schwerer, weil man sich entweder nun vor ihm fürchtet oder von Vorwürfen und einem schlechten Gewissen geplagt wird. Der Tierschutzgedanke darf bei einer kurzfristigen Notlösung von etwa vierundzwanzig Stunden etwas in den Hintergrund rücken, sofern der Hund Zugang zu Wasser hat (man muss sich allerdings darüber im Klaren sein, dass ein Hund in diesem Zeitraum vermutlich urinieren und Kot absetzen wird – das ist aber nichts, was sich nicht reinigen ließe). Oft findet sich erst mit etwas Abstand die Nüchternheit, um eine für alle Seiten akzeptable Lösung zu finden. Davor sollte in jedem Fall eine gründliche Analyse des Ereignisses stehen.

Dass ein Hund einfach und grundlos plötzlich zubeißt, ist in 99 Prozent der Ereignisse nicht der Fall. Ganz wenige Hunde beißen aufgrund einer pathologischen Ursache hemmungslos zu – und das wäre die Begründung für »grundlos«. Wenn auch viele Menschen als Ursache lieber einen Hirntumor anstatt schlechten Benehmens akzeptieren könnten, ist dies doch eine eher seltene Ausnahme. Für die meisten Fälle gibt es Vorzeichen, feine, aber auch grobe körpersprachliche Signale, die nicht erkannt oder nicht richtig gedeutet wurden. Diese Zeichen gilt es zu finden und zuzuordnen, um eine weitere Eskalation mit dem Hund zu vermeiden.

Zunächst einmal nimmt man sich einen Zettel und einen Stift und schreibt zuerst ein Gedächtnisprotokoll des eigentlichen Vorfalls. Jetzt ist die Zeit, wo man sich noch an die meisten Details erinnert: Wer befand sich wo? Was ist geschehen? Wie war die Situation genau? Wie verhielt sich der Hund davor? Wie danach? War etwas anders als sonst, gegebenenfalls auch zwischen den Menschen in der direkten Umgebung? Alles kann relevant sein, alles sollte aufgeschrieben werden, unabhängig davon, wie irrelevant es erscheint.

Danach kann man sich daranmachen, die Vorfälle der letzten Wochen oder Monate des Zusammenlebens mit dem Hund aufzuschreiben. Was war da alles passiert? Wie hat sich der Hund sonst so verhalten? Gab es schon einmal eine komische Situation? Banale Situationen, alltägliche Rituale, kleinste Veränderungen sind wichtig, um herauszufinden, welche Aggressionsform der Hund am Ende mit welcher Motivation gezeigt hat. Wo fing es denn genau an und wo liegt vielleicht auch der Fehler in der Haltung? Es sind oft eigene Lebensereignisse, die Einfluss auf den Hund nehmen. Veränderungen, die uns selbst geschwächt oder verändert haben: Krankheit, Umzug, Trauer, Beziehungsprobleme, Schwangerschaft, um nur ein paar Dinge zu nennen, die auch den Hund mehr betreffen, als man denkt. Eine neue Arbeitsstelle, veränderte Zeiten, veränderter Rhythmus, neue Menschen, ein weiteres Haustier können einen Hund ebenfalls aus dem Konzept bringen oder einen Konflikt eskalieren lassen, der vorher eher unterschwellig vorhanden war. Nur durch das klare Definieren der Fehlerquellen und das sachliche Eingestehen von eigenen Versäumnissen kommt man dazu, notwendige Veränderungen im zukünftigen Zusammenleben mit dem Hund festzulegen. Es geht dabei nicht um Schuldzuweisungen, weder beim Hund noch bei den Menschen; wer Schuld hat, ist nicht relevant, wenn es um das Zusammenleben mit einem Haustier geht. Wichtig ist, dass man sich darauf einstellt, etwas zu ändern, denn so, wie es bisher war, war es in den allermeisten Fällen nicht ideal. Es muss eine sorgfältige Ursachenforschung stattfinden, um ähnliche gefahrbringende Situationen zu erkennen, zu vermeiden oder zu umschiffen. Vielerlei Motivationsgründe finden sich hier in diesem Buch.

Wer das Buch aufmerksam gelesen hat, versteht nun, dass Hunde nicht grundlos beißen, und wenn es denn passiert, ein schlechter Charakter dafür nicht der Grund ist. Im sozialen Miteinander ist Streiten notwendig, um die eigene Position und Verantwortung zu klären. Das ist bei Hunden nicht anders als bei uns. Ja, ein Biss ist ein nicht zu tolerierender Übergriff, aber haben wir in unserem Leben nicht auch schon einmal Dinge gesagt oder getan, die uns im Nachhinein fürchterlich leidgetan haben, die unangemessen waren oder vielleicht sogar jemanden verletzt haben? Der große Unterschied ist, dass Hunde, wenn sie an diesem Punkt angelangt sind, ihre Zähne einsetzen, während wir vermutlich noch mit Worten verletzen. Für Hunde, die unsere Moralvorstellungen nicht teilen, ist der Biss die zwangsläufige Folge einer unheilvollen Verkettung von Missverständnissen und dennoch immer noch ihr Verständnis von Kommunikation. (Es sei denn, es liegen zum Beispiel schmerzbedingte Reaktionen oder eine ernsthafte Erkrankung des Hundes zugrunde.) Auch ein Hund muss, sofern die Erziehung in dieser Beziehung bis zu diesem Zeitpunkt nicht stattfand, erst lernen, dass Beißen kein akzeptables Verhalten ist. Und das ist es eben nicht: Ein Hund darf nie glauben, dass er das Recht hat, einen Menschen zu beißen – der Schaden ist zu groß, denn unsere Physiologie ist auf diese Art der Verständigung nicht ausgerichtet: Wir haben kein dichtes Fell und keine zähe Haut – und weil wir Worte gewohnt sind, reagieren wir nicht schnell genug.

Aufgrund der eingehenden chronologischen Protokollierung von Ereignissen lassen sich Rückschlüsse ziehen und Vorsichtsmaßnahmen treffen. Zeigt der Hund zum Beispiel Aggressionsverhalten zu Hause, sozial motiviert oder statusbedingt, dann wäre eine Sofortmaßnahme ein gut passender Maulkorb, den der Hund tagsüber zunächst trägt, bis Trainingsschritte eine Verhaltensänderung bewirken. Bei Territorialverhalten ist zumindest bei Besuch oder möglicherweise auch auf dem Spaziergang Leine und Maulkorb eine notwendige und hervorragende Soforthilfe, wenn der Hund nicht weggeschlossen werden kann. Verteidigt der Hund Ressourcen, kann man auch da mit Leine und Maulkorb und dem entsprechenden Training arbeiten. Zunächst wird alles aus dem Umfeld des Hundes entfernt, was ihm wichtig sein könnte.

Wenn sich gar nichts herausarbeiten lässt, was erklären könnte, warum der Hund Aggressionsverhalten zeigte und zubiss, sollte der nächste Weg der zu einem Tierarzt sein, um den Hund untersuchen zu lassen. Möglicherweise liegt die Ursache in einem gesundheitlichen Problem und eine Behandlung ist das Mittel der Wahl. Auch für den Besuch bei dem Tierarzt sollte der Hund entsprechend gesichert sein – die Aufregung über das Betreten der Tierarztpraxis könnte das Verhalten des Hundes erneut eskalieren lassen, und das wäre weder im Wartezimmer zwischen anderen Kunden und ihren mitgebrachten Patienten noch im Behandlungsraum für den Tierarzt ein Risiko, das es wert wäre, eingegangen zu werden. Traurigerweise werden oftmals Tierärzten Beißvorfälle oder allgemein aggressives Verhalten vorenthalten, auch wenn sie der Grund für den Besuch sind. Eine

Gefährdung der Gesundheit des Tierarztes ist nicht sinnvoll und eine vernünftige Anamnese kann auch dann durchgeführt werden, wenn der Hund bereits einen sicheren Maulkorb trägt.

Wie tief auch immer der Schock sitzen mag – es lohnt sich, sich mit der unangenehmen Situation des schmerzhaften Hundebisses auseinanderzusetzen – je eher, desto besser, auch wenn es anstrengend ist und man sich überwinden muss. Nichts ist verloren, wer handelt, hilft allen Beteiligten: den betroffenen Menschen und dem Hund.

»Von Angesicht zu Angesicht« – Das erste Treffen

Für Hundetrainer ergeben sich bei der Arbeit mit problematischen Hunden eine Reihe von Selbstschutzregeln, die sinnvoll sind, um sich nicht selbst zu gefährden. Für den Termin des ersten Kennenlernens sollte ein Hund, der im aggressiven Bereich auffällig geworden ist, aber vor allem, wenn er einen Menschen gebissen hat, mit einem Maulkorb abgesichert sein. Dem Thema »Maulkorb« ist hier ein Kapitel gewidmet, weil dieses Hilfsmittel eine zentrale Rolle im Alltag und Training einnimmt.

Schon bei der Terminabsprache sollte man als Hundetrainer die betroffenen Halter darum bitten, ein Gedächtnisprotokoll wie oben beschrieben zu verfassen. Im Gespräch selbst sollte man verständnisvoll agieren, ohne die Halter in ihren Ängsten zu bestärken, und es sollte ruhig und strukturiert ablaufen. Es ist bei dem vermutlichen Grad der Verunsicherung nicht ratsam, Hypothesen über die Ursachen des Verhaltens anzustellen, bevor man sich mit der Diagnose nicht sicher ist.

Auf das Erstgespräch folgt das Verschaffen eines ersten Eindrucks des Hundes durch den Hundetrainer. Bei der Einschätzung sollten die folgenden Eckpunkte abgefragt werden: Wie verläuft der Erstkontakt mit dem Hund? Wendet er den Blick ab oder erwidert er den Blick? Hält er den Blick? Wie stellt sich das allgemeine Ausdrucksverhalten dar? Gibt der Hund Raum oder nimmt er ihn? Ist er außenorientiert? Orientiert er sich stark an seinem Halter oder am Hundetrainer selbst?

Nach der allgemeinen Begutachtung macht es Sinn, den Hund aktiver zu begutachten: Nimmt der Hund die Ansprache durch den Hundetrainer wahr? Lässt er Körperkontakt zu (nur, wenn der Hund mit einem Maulkorb gesichert ist)? Welches Verhalten seitens des Trainers verursacht eine Stimmungsänderung?

Hunde haben nicht nur rassetypische Eigenschaften, sofern sie einer solchen angehören, sie unterscheiden sich auch ganz individuell in ihrem Charakter und durch die in ihrem Leben gemachten Erfahrungen. Hunde können, je nach Lernerfahrung, unterschiedliche Taktiken nutzen, um sich in einer Situation zu verhalten. Sie verhalten sich allerdings auch immer so, wie sie sich in einer Situation verstehen, und reagieren entsprechend. Erscheint die Antwort eines Hundes ambivalent oder ist nicht eindeutig ablesbar, sollte die Einschätzung an diesem Punkt mit einem weiteren Ansatz überprüft werden.

Ziel der Ersteinschätzung ist nicht nur das allgemeine Verhalten des Hundes, es muss auch darum gehen, den Auslöser des aggressiven Verhaltens zu definieren. Dabei ist es wichtig, mit dem Halter über das Bevorstehende zu sprechen und ihm zu verdeutlichen, warum es wichtig ist, den Hund auszulösen. Es sollte vermittelt werden, dass der Stress, den der Hund dabei möglicherweise empfindet, im Verhältnis zu der Sicherheit, die man durch das Bestimmen des Auslösers erhält, gering ist und letztendlich für alle Beteiligten wertvoll. Man sollte nicht vergessen, dass der Halter möglicherweise gerade ein für ihn traumatisches Erlebnis zu verarbeiten hat, insgesamt verunsichert ist und nun mit dem Anlass für diesen gravierenden Einschnitt in seinen Alltag erneut konfrontiert wird.

Im Feedback sollte man sich an die üblichen Regeln der Formulierung halten und den Halter emotional stabilisieren. Die Anerkennung der Handlungsbereitschaft kann dem Besitzer helfen, neuen Mut zu fassen und in der kommenden Zeit mit Vernunft und Zuversicht an das Training mit dem Hund heranzugehen. Inwiefern es sinnvoll ist, das Verhalten des Hundes in seinem ethologischen Kontext zu erklären, hängt stark von der Motivation der Aggression, vom Wissensstand und der Aufnahmebereitschaft der Besitzer ab. Gegebenenfalls ist es effektiver, dem Besitzer zuerst das Gefühl der Sicherheit zu vermitteln, indem man mit ihm die Erstmaßnahmen im Management mit dem Hund durchgeht. Weitere Trainingsschritte können anschließend besprochen werden oder im zeitlich nah gelegenen Folgetermin.

Absichern über die Leine

So alltäglich sie ist und so lapidar, wie sie wirkt, ist die Leine ein essenzielles Utensil des Hundetrainers, auch wenn es um die Absicherung eines aggressiven oder gefährlichen Hundes geht. Eine Leine ist nicht nur dazu gut, mit einem Hund spazieren zu gehen, sie hilft in vielen Situationen weiter und erfüllt ganz unterschiedliche Zwecke. Gerade deswegen ist es ungemein wichtig, dass eine Leine, wenn sie innerhalb eines Trainings verwendet wird, qualitativ hervorragend ist. Sie muss nicht gut aussehen und nicht besonders bunt sein – sie muss vor allem anderen den enormen Belastungen eines tobenden Hundes standhalten und sich gut handhaben lassen.

Das Material der Arbeitsleine sollte in regelmäßigen Abständen überprüft werden, gerade die Verbindungen sind Schwachpunkte, auf die man dabei achten sollte. Generell eignen sich Naturmaterialien eher als synthetische Stoffe, die bei Reibung eine enorme, die Haut verbrennende Hitze entwickeln können. Bei der Auswahl sollte man auch darauf achten, dass die Karabiner von guter, ausreichend stabiler Qualität (idealerweise Edelstahl) und Größe sind und sich einfach handhaben lassen. Der Bolzen sollte leicht zu bedienen sein und der Federzug sich ohne zu haken verschieben lassen. Die Leine selbst sollte griffig sein, aber so flexibel, dass sie sich in der Handhabung nicht sperrt.

Neben den klassischen verstellbaren Zweimeterleinen, die für die meisten Begegnungen mit dem Hund ausreichen, haben sich auch Moxon- und Retrieverleinen bewährt. Allerdings gilt es zu beachten, dass Moxonleinen ohne Stopp beispielsweise in der Schweiz gegen das Tierschutzgesetz verstoßen, auch wenn sie in der Handhabung fremder, ungesicherter Hunde für einen Hundetrainer Vorteile bieten. Nicht immer trägt ein Hund ein gut sitzendes Halsband, ja in den meisten Fällen sitzen Halsbänder zu locker und bieten keinen ausreichenden Schutz für den Hund selbst und denjenigen, der den Hund handhaben muss. Und nicht bei jedem Hund, der sich nicht einfach anfassen lässt, lässt sich der Halsumfang per Augenmaß immer so gut abschätzen, dass man den Stopp dieser Zugleinen zuverlässig voreinstellen kann. Gerade wenn es um die Selbstsicherung in Gegenwart fremder oder bereits auffällig gewordener Hunde geht, kommt man nicht umhin, die Risiken abzuwägen. Es bleibt immer noch die Möglichkeit, den Umfang der Halsschlaufe anzupassen, wenn der Hund gesichert ist – bis dahin sollte ein Hundetrainer immer zuallererst die Sicherheit der im Radius befindlichen Personen und seiner selbst dem vermeintlichen Wohl des Hundes voranstellen.

Das sichere Anleinen eines ungesicherten Hundes ist mit Moxon- oder Retrieverleinen am besten zu meistern: Man wählt die Schlaufe so groß, dass sie ohne Widerstand über den Kopf des Hundes gelegt werden kann, während man seitlich zum Hund steht. Auf diese Weise hat man zum Tier einen angemessenen Abstand und muss ihn nicht berühren. Dem Zuziehen der Schlaufe folgt direkt und ohne Unterbrechung der Übergang in die Bewegung – Bewegung entspannt und lenkt von der gegebenenfalls konflikthaften Situation ab.

Wichtig ist immer, wie auch beim Anbinden eines Hundes, der möglicherweise zu einem Angriff bereit ist, vor allem das Gesicht zu schützen. Die Leine wird nicht lang und nicht locker gehalten, sondern sollte immer genügend Spannung haben, damit man sie notfalls als Erweiterung des eigenen Arms nutzen kann – je mehr lockere Leine der Hund zur Verfügung hat, desto mehr kann er den Freiraum für eigene Bewegung nutzen. Im Fall der Fälle ist sie das Bindeglied zum (attackierenden) Hund, über das man die benötigte, sichere Distanz schaffen kann. Es ist wichtig, hier nochmals darauf hinzuweisen, dass man als Hundetrainer nicht in eine solche Situation gehen sollte, wenn der Hund nicht mit einem Maulkorb gesichert ist.

Auch mit einem Maulkorb kann es je nach Hundetyp angemessen sein, den Hund mithilfe der Leine auf Distanz zu halten. Ein stabiler Metallmaulkorb, der zwar vor Bissen schützt, kann trotzdem schwere Hämatome und Platzwunden verursachen – und auch die Krallen eines attackierenden Hundes können zu Verletzungen führen. Wer den Hund in einer solchen Situation an der straffen, nicht zu langen Leine hält, kann die Leine so weit hinter dem Kopf des Hundes greifen, dass er sich den Hund am gestreckten Arm vom Leib halten kann. Dabei entsteht zwar dennoch eine relativ große Nähe, aber über den Arm kann man die Vorwärtsbewegung und die Sprünge kontrollieren. Das Ende der Leine sichert man mit der zweiten Hand.

Abhängig von der Heftigkeit des Angriffs verschafft einem die Leine auch die Möglichkeit, den Hund »auszupendeln« – was nicht so schlimm klingt, wird immer wieder von Betrachtern einschlägiger Videosequenzen im Internet und Menschen, die sich noch nicht in einer solchen Situation befanden, kritisiert. Man nutzt das Auspendeln, um dem Hund das Gleichgewicht zu nehmen, damit er keine weiteren attackierenden Vorstöße gegen den Menschen richten kann. Hierfür wird der Hund an der Leine so hochgehoben, dass seine Vorderbeine den Boden nicht mehr berühren, und der Hund dann in die kontrollierte Bewegung gebracht. Ein Hund, der auf den Hinterbeinen balanciert, kann in der Vorwärtsbewegung keine schädigenden Angriffssprünge unternehmen. Momente, in denen so eine Herangehensweise notwendig wird, sind äußerst selten und dienen ausschließlich dem akuten Selbstschutz. Ein ausreichend großer Hund ist dazu in der Lage, einem Menschen allein mit Rammstößen Rippen zu brechen oder eine Bewusstlosigkeit zu verursachen – wenn eine solche Gefahr besteht, sollte man sich sehr bewusst darüber sein, wessen Wohl es zu schützen gilt. In allen anderen Situationen kann so ein Vorgehen an die Tierschutzrelevanz grenzen, weil sich kein erzieherischer Mehrwert ergibt.

Hier sei also ein weiteres Mal betont, dass bestimmte Aktionen, die ein Hundetrainer in einer Extremsituation nutzen kann, auch diesen Extremsituationen vorbehalten sind. Sie dienen dem Selbstschutz, dem Schutz der eigenen Gesundheit und nicht dem Training.

»Der meint das nicht persönlich« – Über Emotionen und Verhaltensmanagement

Wer einen Hund hat, der gerade in einer Situation gebissen hat, durchläuft in den allermeisten Fällen ein Wechselbad der Gefühle. Je weniger Erfahrung der Halter mit dem Verhalten von Hunden hat und je enger die Bindung zum Hund wahrgenommen wird, desto schlimmer ist so ein Ereignis für viele Menschen. Nach dem eigentlichen Schreck machen die Besitzer eine ganze Reihe an negativen Momenten durch: Angst vor dem eigenen Hund, Wut über ihn und maßlose Enttäuschung, weil er sich nicht an die (menschgemachten) Regeln hält, werden gefolgt von der Scham und Peinlichkeit, weil man es nicht hat kommen sehen und weil man sich verantwortlich fühlt. Nicht wenige erfassen die Gefühle so sehr, dass sie in tiefer Trauer stundenlang weinen und nicht mehr essen können. In besonderer Erinnerung bleibt vielen das starke und oft traumatisierende Gefühl der Macht- und Hilflosigkeit. Es benötigt Stunden bis Tage, bis die Sachlichkeit wieder Einzug halten kann und der Halter beginnt, nach einer Lösung zu suchen.

Idealerweise meldet sich der Besitzer bei einem Hundetrainer, der wiederum kann die Situation des Halters erfassen und in der darauffolgenden Zeit mit ihm so an der Problematik arbeiten, dass sich das weitere Zusammenleben von Halter und Hund produktiv und angenehm gestaltet und das Risiko eines weiteren Vorfalls auf ein akzeptables Maß reduziert wird. Als Hundetrainer sollte man sich allerdings immer wieder ins Bewusstsein rufen, dass man in einem Erstgespräch gegebenenfalls einer Person gegenübersitzt, die immer noch traumatisiert ist und ein hochambivalentes Verhältnis zum eigenen Hund hat. In vielen Fällen generalisieren sich die erlebten Ängste auf andere Situationen: Hat ein Hund in einer ganz speziellen Situation einem anderen eine kleine Wunde (das bekannte

Loch) zugefügt, kann der Halter in der kommenden Zeit keine Hundebegegnung mehr mit der gleichen Entspannung erleben, wie es vor dieser Erfahrung war. Diese Nervosität überträgt sich je nach Typ auch auf den Hund und macht gegebenenfalls auch unproblematische Begegnungen instabil. Das subjektive Empfinden der Situation ist relativ unabhängig von der eigentlichen Situation – und genau das gilt es als Hundetrainer im Gespräch mit den Haltern zu beachten: Jeder Fall sollte gleich ernst genommen werden. Wiegelt man ab, könnte sich der verunsicherte Hundehalter unverstanden fühlen. Fällt man in die Dramatisierung der Situation ein, überfordert man die Person. In einem Gespräch sollten gerade die Gefühle und Kompetenzen von Halter und Hund, die zu einer Lösung der Lage beitragen, im Vordergrund stehen. Eine Fokussierung auf die Stärken gibt Mut und fördert das Selbstbewusstsein.

Hat ein Halter möglicherweise schon einen anderen oder gar mehrere Hundetrainer aufgesucht, lohnt es sich, über das bisher vollzogene Training im Bilde zu sein. Verfolgt man selbst ähnliche Trainingsansätze, sollte einen der durch den Halter vollzogene Trainerwechsel aufhorchen lassen – man sollte herausfinden, warum sich der Besitzer zu einem Wechsel veranlasst fühlte, um das Training gegebenenfalls daran anzupassen. Dennoch gebietet es sich im Sinne der Professionalität natürlich, die Herangehensweise und Lösungswege des Kollegen nicht mit dem Halter zu besprechen oder sie gar als falsch darzustellen. Man unterstellt dem Halter auf diese Weise selbst den Fehler, sich an diesen Trainer gewandt zu haben. In dieser Phase der Unsicherheit, in der der Hilfesuchende mit seiner Handlungsfähigkeit hadert, sind solche Hinweise in Beratungen kontraproduktiv. Es mindert die eigene Vertrauenswürdigkeit und schafft keine ideale Basis für die weitere Zusammenarbeit. Insgesamt hat der Besitzer sich offensichtlich an einen neuen Trainer gewandt, weil auch ihm das Vertrauen in die vorgeschlagenen Praktiken des Kollegen fehlte.

Im ungünstigen Fall wird das Erlebte verdrängt – mitunter sehr konsequent und ohne dass ein Außenstehender Einfluss nehmen könnte. Andere finden die Schuld beim Gegenüber: Das kann sowohl der betroffene andere Hund sein als auch dessen Halter und sogar der eigentlich unbeteiligte Mensch, der gebissen wurde. Solche Mechanismen der Verdrängung sind nicht untypisch und sie sollten nicht pauschal verurteilt werden. Menschen, die Konflikte scheuen, benötigen Umwege, um zum eigentlichen Ziel zu gelangen – das erfordert ein gewisses Maß an (psychologischem) Verständnis und Können, wenn es um die Kommunikation geht. Besitzt jemand so ein Profil, wird man ihn als Hundetrainer mit Druck und Schuldzuweisungen nicht erreichen. Es kann geradezu gefährlich werden, wenn man, anstatt sich auf die Handlungsfähigkeit der Besitzer zu konzentrieren, nach Erklärungen für das Verhalten des Hundes sucht, die absolut wirken und unterschwellig andeuten, dass das Problem nicht zu lösen ist: Deprivationsschäden, »eine schlechte Kindheit«, falsche Sozialisierung oder ein »hat schlechte Erfahrungen mit Männern gemacht« ohne Faktengrundlage können den emotionalen Zustand des Hundehalters verfestigen und ihm als einzige Lösung die Verdrängung oder abstrakte Schuldzuweisung lassen. Auch wenn man anschließend einen Trainingsplan erstellt, hat man möglicherweise schon die Weichen dafür gestellt, dass seine empfundene Machtlosigkeit dem Verhalten des Hundes gegenüber nur noch schwer zu lösen ist.

Einen Hund, der beschädigend beißt, kann man auch »managen« – unter Verhaltensmanagement versteht man eine Umstellung des eigenen Lebens auf den Hund, wobei das Ziel ist, dem eigentlichen Konflikt zu entgehen und, indem man Regeln aufstellt, die (gefährlichen) Eigenschaften des Hundes zu umgehen. Verhaltensmanagement ist kurzzeitig eine gute Lösung – langfristig kann es kompliziert und auch risikoreich sein. Am Beispiel von Django, einem hütehundartigen Mischling aus dem osteuropäischen Ausland, lässt sich das nachvollziehen. Django zeigte von Beginn an eine ausgeprägte statusbedingte Aggression, die so weit ging, dass er auch Zuneigung zu einer Ressource umfunktionierte, über die man hierarchische Fragen klären konnte. Mehrfach hat er Familienmitglieder und aufgesuchte Hundetrainer gebissen – zumeist, weil es nicht Nahestehenden schwerfiel zu glauben, dass dieser niedlich wirkende, plüschige Hund zubeißt. Seine Ernsthaftigkeit wurde als Ängstlichkeit interpretiert, die innere Unruhe ob der permanent zu verteidigenden Stellung als Unsicherheit. Gleichzeitig wirkt Django ruhig und unscheinbar, wenn nicht gar leidend. Zwei Nächte musste Django in vielen Jahren fremdbetreut werden, weil seine Halterin keine andere Lösung fand. Eine Freundin, die Django schon kannte, stellte sich zur Verfügung, ihm über Nacht Gesellschaft zu leisten. Die Besitzerin erstellte für diesen Anlass die folgende Liste mit Regeln, die dem Verhaltensmanagement von Django entsprungen waren:

»Wenn Du ins Haus kommst, dann ignorier Django einfach. NICHT anfassen! Falls er zu sehr nervt, lock ihn einfach mit Fleischwurst in einen anderen Raum oder in seine Box.

Füttere ihn in der Küche. Beim Fressen darfst Du ihn nicht stören oder Dich ihm nähern. Den Napf, egal, ob voll oder leer, kannst Du nur wegnehmen, wenn er nicht im Raum ist. Er frisst oft nicht auf – das ist egal.

Keine Kaustangen oder anderes zum Kauen zur Verfügung stellen! Falls er etwas klaut, auch wenn es Socken oder Unterwäsche ist, darf er es behalten. Wenn er es frisst oder zerkaut, auch.

Lass im Haus bitte Deine Schuhe an oder tu ihn in die Box, wenn Du sie unbedingt ausziehen möchtest.

Falls er sich unter der Küchenbank verkriecht, tu einfach so, als ob Du mit ihm rausgehen möchtest. Nicht unter die Bank oder in die Kiste greifen!

Wenn Du unterwegs oder zu Hause bist, darf er nirgendwo angebunden werden. Er lässt sich nicht losbinden.

Wenn er im Raum ist, nicht die Beine übereinanderschlagen und mit den Füßen wippen.

Draußen musst Du ihn anleinen, wenn Du anderen Menschen begegnest. Bitte nicht streicheln lassen!

Keine Ball- oder andere Wurfspiele!

Wenn er nass ist oder Kletten im Fell hat, kann das so bleiben. Nicht abtrocknen oder entfernen! Er kann einfach in der Box trocknen.

Wenn er sich in Stinkzeug wälzt, ist das auch egal. Bitte den Hund nicht waschen.

Falls es im Haus zum Konflikt kommt, sag einfach »Wollen wir rausgehen?« zu ihm. Wenn du zur Tür gehst und die Leine holst, kommt er freudig. Konflikt nicht annehmen!

Er möchte nicht kuscheln – bitte schick ihn sofort weg, wenn er gestreichelt werden möchte.

Wenn er kommt und den Kopf auf Deinen Schoß legt, schick ihn bitte weg, aber nur mündlich und am besten mit einer Handlungsanweisung, zum Beispiel »Geh auf deine Decke.«

Nicht allein im Garten lassen! Wenn Du mit ihm im Garten bist, dann musst Du aufpassen, dass niemand seine Finger durch den Zaun steckt.

Wenn er irgendwo im Weg liegt, sag »Bitte aufstehen«. Dann steht er in der Regel auf und geht auch.

Generell gilt: Solange Du höflich bist, ist er es auch.

Du kannst mich aber jederzeit erreichen!«

Auch wenn diese Liste im ersten Moment absurd wirkt und man darüber schmunzeln möchte, spiegelt sie den enormen Leidensdruck und die massiven Einschränkungen im Alltag der Besitzerin wieder. Hundehalter, die – aus welchen Gründen auch immer – lange Zeiträume erfolglos nach einer tatsächlichen Lösung des Problems gesucht haben und sie dennoch nicht erreichen konnten, werden anfällig für Ansätze, die nicht mehr tierschutzkonform sind. In vielen Fällen geht dem Ganzen eine Zeit voraus, in der aus zunehmender Hilflosigkeit heraus ein Aufrüsten zwischen Hund und Halter stattgefunden hat und darin resultiert, dass der Mensch emotional ausgebrannt ist und der Hund »stumpf«: Er wirkt dann physischen oder psychischen Einwirkungen gegenüber fast immun, was wiederum das Gefühl der Machtlosigkeit der Halter steigert.

Es kann passieren, dass solche Halter an Hundetrainer geraten, die sie entgegen des Tierschutzgedankens dazu bringen, Gewalt anzuwenden. Die Verzweiflung und Ratlosigkeit ist so immens, dass die Autorität des Trainers und die Hoffnung, auf diesem Weg etwas erreichen zu können, die eigenen Moralvorstellungen und die Liebe zum Hund in einem negativen Sinn überschattet. Auch wenn das verwerflich klingt und illegal sein mag – psychologisch gesehen entspricht der innere Prozess dem des berühmt-berüchtigten

Milgram-Experiments. In dem Experiment wurde untersucht, ob eine Versuchsperson autoritären Anweisungen auch dann Folge leistet, wenn die Anweisung in direktem Widerspruch zu ihrem eigenen Gewissen steht. Die Versuchspersonen wurden aufgefordert, einem weiteren Probanden, den sie nicht sehen konnten (und der nur die Tonbandaufnahme eines Schauspielers war), mit Stromstößen zu bestrafen, wenn dieser einen Fehler beging – bis zu der Stärke, die den Tod des Probanden bedeuten würde. Relevant im hiesigen Zusammenhang ist, dass bei den Versuchspersonen Anzeichen von posttraumatischen Belastungsstörungen zu finden waren, Nervenzusammenbrüche vorkamen und sie selbst vierzig Jahre später noch unter dem Trauma litten, ein Täter gewesen zu sein. Und das, obwohl die Aufklärung des Versuchsaufbaus direkt im Anschluss an das Experiment erfolgte. Der Vergleich zu dem Milgram-Experiment mag übertrieben klingen, aber er zeigt, wie extrem die psychische Belastung für den Halter eines Hundes sein kann, der gebissen hat. Es ist ungemein wichtig, die Sorgen und Ängste der Kunden ernst zu nehmen, ihnen nicht die eigenen Ansichten überstülpen zu wollen oder sich daran zu reiben, dass rationale Erklärungen sie nicht gleich und auf direktem Weg erreichen. Gleichzeitig sollte man sich gegen das Leid des Kunden abgrenzen können, damit dessen Erfahrung nicht zur eigenen Belastung wird. Das hilft wiederum, dem Kunden die Sicherheit zu geben und eine Orientierung in dieser als chaotisch empfundenen Zeit zu sein.

»Welche Körbchengröße hat er denn?« – Über Maulkörbe

Nichts ist verpönter unter Hundehaltern als der Maulkorb. Ein Hund mit Maulkorb wird per se als gefährlich wahrgenommen. Um den macht man besser einen großen Bogen. Dass ein solcher Hund, wie auch immer er geartet ist, weitaus weniger Schaden anrichten kann als einer der »Tut-nixe«, also jener Hunde, deren Besitzer mit der verantwortungsvollen Sicherung des nicht zuverlässig erzogenen Haustiers überfordert sind, ist vielen Menschen nicht bewusst. Da werden schnell die eigenen Hunde angeleint, die Kinder in Sicherheit gebracht und die Straßenseite gewechselt. Egal, warum der Hund nun wirklich einen Maulkorb trägt. Entgegen aller Rationalität, die die offensichtliche Sicherheit eines Maulkorbs mit sich bringen sollte, sind immer noch sehr viele Menschen von der medialen Panikmache und der suggerierten Gefahr, für die der Maulkorb steht, geleitet.

Mit einem Hund, der einen Maulkorb trägt, lebt es sich einerseits meist etwas einsamer, andererseits aber auch wesentlich entspannter, weil auch die »Tut-nix«-Besitzer den Kontakt ihres möglicherweise nicht ganz so netten Hundes mit dem Maulkorbträger vermeiden. Ironischerweise gibt es allerdings auch noch die besonders toleranten Menschen, die strahlend auf den mit Maulkorb gesicherten Hund zustürzen, um zu beweisen, dass sie eben gerade keine Angst haben. Auch ihnen sind hin und wieder die Gründe, warum der Hund den Maulkorb trägt, nicht so wichtig. Summa summarum bleibt, dass ein Maulkorb für Aufmerksamkeit sorgt – ob man es nun möchte oder nicht.

Aus diesen und anderen Gründen sträuben sich viele Hundehalter gegen die Nutzung eines Maulkorbs. Auch wenn es sich um einen schwierigen Hund handelt, der ohne Maulkorb sehr schwer zu kontrollieren wäre und möglicherweise Hunde oder, schlimmer noch, sogar Menschen beißen würde. Es werden lieber viele Umstände und ein nicht zu benennendes Risiko in Kauf genommen, um einen Maulkorb zu umgehen. Zu den Managementansätzen gehört es dann, nur noch nachts spazieren zu gehen oder auch weite Strecken mit dem Auto zu fahren, um einsame Wege für den Auslauf zu finden, die zunächst ohne den Hund erkundet werden, um sicherzugehen, dass man um diese Uhrzeit auch wirklich allein mit dem Hund ist. Andere treffen terminliche Absprachen mit anderen Hundehaltern, um sich nicht zu begegnen. Der Aufwand dieser Art des Managements kann groß sein, die Lebensqualität stark einschränken, aber die innere Überwindung, den Hund doch einfach durch einen Maulkorb zu sichern, gelingt nicht immer. Leider trifft das auch oder gerade auf die Halter von Listenhunden zu, die sich umso mehr Gedanken über die Außenwirkung eines Maulkorbs am Hund in der Nachbarschaft machen (müssen).

Dabei gibt es viele Gründe, warum ein Hund einen Maulkorb tragen sollte. Da wären beispielsweise die vielerorts ausgelegten Giftköder. Es ist mit einem Labrador wesentlich entspannter, in einem solchen Gebiet spazieren zu gehen, wenn man weiß, dass er nicht jeden Mist aufklauben und, ganz in Labrador-Manier, schnell hinunterschlingen kann, während man mit ihm unterwegs ist. In Bus und Bahn ist das Tragen eines Maulkorbs unabhängig von der Rasse oder Größe des Hundes sogar vorgeschrieben. In Urlaubsländern wie Italien sollte man zumindest einen Maulkorb mit sich führen. Bei einer Verletzung ist es manchmal für den Hund angenehmer, einen Maulkorb zu tragen als eine Halskrause, um sich weder die Wunde noch den Verband aufzubeißen. Und es soll Hunde geben, die manchmal, wenn sie unbeaufsichtigt sind, Maulkörbe tragen, damit sie nicht alle Schränke öffnen und die Lebensmittel plündern. Auch gesundheitliche Gründe können das Tragen eines Maulkorbs durchaus sinnvoll machen: Hunde, die mit einem übersäuerten Magen zu kämpfen haben, tendieren dazu, in zu großen Mengen Gras zu fressen, was schlimmstenfalls zu einem Darmverschluss führen kann. Ein Maulkorb verhindert das oft hysterische und unglaublich schnelle Hinunterschlingen des vermeintlich wohltuenden Grases. Man sieht, auch abseits aller Themen rund um die Aggression sind Maulkörbe überaus nützlich und großartige Helfer im Alltag.

Einen gut sitzenden Maulkorb kann ein Hund tragen wie ein Halsband auch, er sollte ihn lediglich gewohnt sein. Je nach Maulkorbtyp können Hunde damit auch Futter und Wasser aufnehmen. Entgegen der Meinung mancher Hundetrainer ist es Hunden durchaus möglich, völlig normal zu kommunizieren, sie können hecheln, fiepen, jaulen, bellen oder eben defensive oder offensive Aggression zeigen. Dauerhafte Maulkorbträger sind weder eingeschüchtert noch gehemmt, sie spielen und prügeln sich bei passender Gelegenheit wie alle anderen Hunde auch. Wichtig ist nur, dass sie an den Maulkorb gewöhnt wurden und dann von ihren Haltern nicht anders behandelt werden – ein Hund merkt, wenn etwas nicht zu stimmen scheint, und kann das auch auf die Situationen übertragen, in denen er einen Maulkorb trägt. Wer den Maulkorb als positives Hilfsmittel und Lebenserleichterung betrachtet, tut auch seinem Hund einen Gefallen.

Den richtigen Maulkorb finden

Wer sich dazu entschließt, seinem Hund einen Maulkorb zu kaufen, wird feststellen, dass der Zoofachhandel, auch ein auf Hunde spezialisierter, in den allermeisten Fällen nicht den Maulkorb im Sortiment hat, der dem eigenen Hund wirklich gut passt. Auch wenn der erste Eindruck vermittelt, die Auswahl in diesem Bereich wäre grundsätzlich nicht sehr groß, dem ist nicht so – ganz im Gegenteil: Es gibt Maulkörbe für praktisch jede Schnauzenform, jede Schnauzengröße, aus den unterschiedlichsten Materialien, für ganz unterschiedliche

Einsatzzwecke und, ja, sogar an das Geschlecht des Hundes angepasst. Das macht Sinn, denn Rüden unterscheiden sich gerade in der Kopfform von Hündinnen, deren Schädel meist zierlicher ist und weniger stark bemuskelt. Nicht einmal ein Schäferhund gleicht dem nächsten und so muss man oft mehrere Modelle ausprobieren, um den richtigen Maulkorb zu finden, den der Hund auch toleriert. Bei der Auswahl der Passform ist ebenfalls wichtig, warum der Hund einen Maulkorb tragen soll. Überlegungen, die man diesbezüglich anstellen kann, sind beispielsweise, ob man dennoch in der Lage sein möchte, seinen Hund mit Futter zu belohnen, oder ob er, weil er vielleicht zur Koprophagie (dem Aufnehmen von Kot) neigt, auf keinen Fall Fressbares aufnehmen können soll. Während hier ein leichter Maulkorb reicht, sollte man, falls der Hund beschädigend beißt, nach stabileren Modellen schauen.

Grundsätzlich gibt es zwei Möglichkeiten, sich mit den verschiedenen Maulkorbformen auseinanderzusetzen. Hundetrainer, die sich gegebenenfalls sogar auf Hunde mit Aggressionsproblemen spezialisiert haben, verfügen oft über ein großes Sortiment unterschiedlicher Maulkörbe. Sie helfen gern dabei, die richtige Passform und Machart zu finden, und wissen oft schon aus Erfahrung, welche Marken und Varianten für den einzelnen Hund infrage kommen. Die zweite Möglichkeit bietet heutzutage das Internet. Dort findet man gute Onlineshops, die sich nicht nur auf Maulkörbe spezialisiert haben, sondern auch bereit sind, eine Auswahl zu versenden, aus der man dann den passenden Maulkorb behält.

Zur Bestimmung der richtigen Maulkorbgröße lohnt es sich, die Schnauze des Hundes möglichst genau auszumessen. Das lässt sich am einfachsten mit einem flexiblen Maßband, wie es im Nähbedarf häufig verwendet wird, bewerkstelligen. Die Länge des Korbs wird ermittelt, indem man die Distanz zwischen der Nasenspitze und dem Punkt auf dem Nasenrücken bestimmt, wo der Nasenriemen aufliegen soll. Der Punkt sollte so gewählt sein, dass er in etwa einen bis drei Zentimeter vor den Augen liegt. Bei einem kurzschnäuzigen Hund sollte der Abstand zu den Augen geringer als bei einem langschnäuzigen gewählt werden. Neben der Schnauzenlänge muss auch deren Umfang bestimmt werden. Dabei geht man wiederum von dem Punkt aus, an dem der Korb nahe der Augen aufliegen soll, und misst von dort einmal um die komplette Schnauze herum. Normalerweise enthält der entsprechende Onlineshop eine eigene Seite, die mit Bildern und genauen Erläuterungen der zu messenden Längen weiterhilft. Das Aussehen des Maulkorbs an sich sollte bei der Auswahl keine Rolle spielen. Wenn der Hund den Maulkorb akzeptieren soll, muss er einfach gut passen. Eine Brille kann noch so gut aussehen, wenn sie schlecht sitzt, stört sie und wird nicht gern getragen.

Fälschlicherweise werden immer wieder Nylon-Maulschlaufen als Maulkorb angeboten und verkauft. Für den Besuch beim Tierarzt können diese Maulschlaufen durchaus sinnvoll und empfehlenswert sein, da sie nur wenige Minuten während der Behandlung getragen werden – nämlich dann, wenn der fremde und meist dem Hund unsympathische Tierarzt auf Tuchfühlung gehen muss. Die Maulschlaufen genießen eine größere Akzeptanz bei den Hundehaltern und sie stören den Hund nicht wesentlich, auch wenn er Maulkörbe nicht kennt. Sitzt die Maulschlaufe richtig und so, dass sie ihren Zweck erfüllen kann, ist es dem Hund nicht möglich, ausgiebig zu hecheln, zu trinken oder zu fressen, aber auch nicht zu beißen. Eine Maulschlaufe sollte locker über den Fang zu streifen sein, um dem Hund die Möglichkeit zu geben, das Maul minimal zu öffnen: Denn die Aufregung, die die meisten Hunde bei einem Tierarztbesuch empfinden, geht oft mit dem Bedürfnis zu hecheln einher. Gleichzeitig sollte die Schlaufe nie so locker sein, dass der Hund noch zwicken oder gar zuschnappen kann.

Eine Maulschlaufe ist für den Gebrauch im Alltag nicht geeignet: Der Hund muss in der Lage sein, ausgiebig zu hecheln, denn nur so kann er seinen Körper abkühlen. Kann er das nicht, droht Überhitzung, und die ist lebensgefährlich. Auch Trinken wird durch eine Maulschlaufe weitestgehend verhindert – das mag während der wenigen Minuten im Behandlungsraum eines Tierarztes nicht relevant sein, im Alltag ist es das sehr wohl.

Eine preisgünstige Variante des Maulkorbs sind die Modelle aus Plastik. Sie sind für den belastungsfreien Gebrauch gut geeignet und diejenigen, die man zumeist auch in einem Zoofachgeschäft erhält. Für Hunde, die den Maulkorb häufig tragen, ihre Schnauze darin an Gegenständen reiben oder sich auch mal prügeln, ist dieses Material nicht geeignet, weil es nicht stabil genug ist. Stabiler und dennoch relativ leicht sind Vollgummi-Maulkörbe, die darüber hinaus so konzipiert sind, dass sich der Hund dennoch gut füttern lässt. Vollgummi-Maulkörbe eignen sich besonders dann, wenn ein Hund – aus welchen Gründen auch immer – über einen begrenzten, aber längeren Zeitraum gesichert sein muss. Der Hund kann trinken und fressen, ohne dabei gravierend behindert zu werden. Ihr Nachteil ist, dass sie so flexibel sind, dass Verletzungen im Fall eines Angriffs nicht vollständig verhindert werden können. Manche Hunde lernen schnell, den Vollgummi-Maulkorb mit einem gewissen Druck so weit an den Widersacher zu drücken, dass sie dennoch zubeißen können. Dank des Vollgummis entsteht zwar kaum mehr als eine leichte Schürfwunde, aber auch Quetschungen sind eine sehr unangenehme Verletzung.

Am langlebigsten sind die Drahtmaulkörbe, die es mittlerweile in vielen verschiedenen Macharten und Modellen von diversen Herstellern gibt. Auch hier gibt es je nach Gebrauchsart und -grund große Unterschiede in der Drahtstärke, der Auflagefläche und der Qualität und Anbringung der Riemen. Ein Vorteil vieler Drahtmaulkörbe gegenüber jenen aus Plastik und Vollgummi ist, dass sie sich in Maßen mit ein wenig Kraftaufwand der Kopfform des Hundes sehr individuell anpassen lassen. Aber es gibt auch Einschränkungen: Einige Modelle sind nur relativ spärlich verdrahtet – das minimiert einerseits ihr Gesamtgewicht, ermöglicht es aber andererseits dem Hund, diese Lücken zu nutzen. Viele Hunde kommen schnell auf diesen Gedanken und versuchen beispielsweise, das Ohr oder einen anderen hervorstehenden Körperteil seitlich in diese Lücke zu pressen, um dann zuzubeißen. Mittlerweile gibt es bereits farbige Modelle, und auch wenn diese Öffnung dem verpönten Hilfsmittel gegenüber begrüßenswert ist, so sollte doch stets die Zweckmäßigkeit und der Tragekomfort vor der Optik Priorität haben.

Nicht mehr so häufig werden Ledermaulkörbe verwendet, obwohl sie leicht und oft gut verarbeitet sind. Je nach Materialbeschaffenheit sind sie so flexibel, dass sie sich der Schnauzen- und Kopfform des Hundes anpassen – das erhöht den Tragekomfort für den Hund. Der Nachteil der Ledermaulkörbe ist zum einen die Empfindlichkeit beziehungsweise Haltbarkeit des Materials bei häufigem Gebrauch. Leder gilt als »lebendes« Material, das immer eine gewisse Grundfeuchtigkeit benötigt und gepflegt werden muss. Außerdem ergibt sich je nach Modell ähnlich den Vollgummi-Maulkörben eine gewisse Verletzungsgefahr bei ernsthaft beschädigenden Hunden. Ledermaulkörbe eignen sich am besten für Hunde, die nicht unbedingt und mit aller Heftigkeit beißen, sondern aus vermeintlichen Sicherheitsgründen einen Maulkorb tragen müssen, wie zum Beispiel in öffentlichen Verkehrsmitteln.

Das Tragen des Maulkorbes trainieren

Möchte man dem eigenen Hund das Tragen eines Maulkorbs angewöhnen, dann sollte man es ihm im wahrsten Sinne des Wortes

»schmackhaft« machen. Wenige Hunde nehmen den Maulkorb auch einfach ohne jegliches Training an und scheren sich nicht weiter um das Utensil. In den anderen Fällen und wenn die Zeit nicht drängt, kann der Maulkorb zunächst beim täglichen Füttern neben dem Napf liegen. Alle weiteren Trainingsschritte sollten möglichst unaufgeregt stattfinden. Im nächsten Schritt bekommt der Hund sein Futter aus dem Maulkorb. Auch wenn das umständlich klingt, hat es nebenbei noch einen Beschäftigungseffekt, an dem sowohl der Hund als auch der Halter beteiligt ist. Nach einigen Tagen legt man den Halsriemen um den Kopf, ohne den Korb über die Schnauze des Hundes zu streifen, und gibt dem Hund einen Großteil seines Futters – so gewöhnt er sich an das zusätzliche Gewicht. Anschließend füttert man ihn zusätzlich aus dem offenen Maulkorb, damit die positive Verknüpfung mit dem Korb an sich bestehen bleibt. Nach und nach schließt man zwischendurch den Maulkorb, nimmt ihn aber sogleich wieder ab. Es ist wichtig, damit nicht zu warten, bis der Hund selbstständig versucht, den Maulkorb mit der Pfote abzustreifen. Der Hund ist jetzt bereits an dem Punkt, wo er sich beim Anblick des Maulkorbs freut und freiwillig die Schnauze hineinsteckt. Als Nächstes wird der Maulkorb kurz getragen. Auch jetzt kann man den Hund durch den Maulkorb füttern, bevor man ihn wieder absetzt. Bei Hunden, die regelmäßig einen Maulkorb tragen sollen, kann man den Maulkorb in das Ritual des Beginns eines Spaziergangs einbauen und ihn so zusätzlich positiv verknüpfen. Vielen Hunden hilft es, wenn das Tragen des Maulkorbs anfangs mit Bewegung verknüpft ist, so dass sie sich nicht auf das Objekt um ihre Schnauze konzentrieren können. Viele Hunde akzeptieren den Maulkorb sehr schnell, wenn er gut passt.

Auch bei Hunden, die aufgrund ihres Verhaltens ausschließlich bei einem Tierarztbesuch oder dem Hundefriseur einen Maulkorb tragen müssen, würde man das Maulkorbtraining auf diese Weise aufbauen. Ist das Tragen des Maulkorbs derart situationsbedingt, ist es wichtig, den Maulkorb auch im Alltag und zu anderen Anlässen aufzusetzen. Vor allem sollte der Maulkorb schon lange vor der eigentlichen Konfliktsituation aufgesetzt werden, damit der Hund das Aufsetzen des Maulkorbs nicht mit dem Besuch beim Tierarzt verbindet und beginnt, sich in dieser Situation gegen das Aufsetzen zu wehren.

In wenigen Fällen bleibt aufgrund des Verhaltens des Hundes keine Zeit, ein langfristiges Maulkorbtraining durchzuführen und das Tragen des Maulkorbs so ganz positiv und entspannt aufzubauen. Das Verhalten des Hundes lässt kein Training ohne einen Maulkorb zu und die Absicherung der beteiligten Menschen geht vor. Ohne große Vorbereitungen und langes Probieren wird der möglichst gut passende Maulkorb besorgt und aufgesetzt. Danach kann der Hund – je nach Verhaltensproblematik – zunächst durch den Maulkorb gefüttert werden, oder, besser noch: Man schmiert den Maulkorb schon für das erste Aufsetzen mit viel Leberwurst oder Ähnlichem ein und macht ihn so attraktiv für den Hund. Versucht der Hund dennoch, sich den Maulkorb abzustreifen, unterbricht man ihn sofort und bietet ein Alternativverhalten an, indem man ihn mit anderen Dingen beschäftigt. Dafür eignet sich ein Spaziergang an der Leine, bei dem gegebenenfalls die Geschwindigkeit so angezogen werden kann, dass der Hund sich nicht mehr auf den Maulkorb konzentrieren kann. Bewegung entspannt und ein Spaziergang bietet viel Ablenkung.

Es gibt Situationen, in denen man einen Hund sichern muss, aber keinen (passenden) Maulkorb dabei hat. Das kann ein drohender, fremder und womöglich herrenloser Hund sein oder ein Hund, der schmerzbedingt vielleicht keine Berührungen mehr zulässt, sei es nach einem Unfall oder bei akuter Erkrankung. Zur Sicherheit der Allgemeinheit oder für einen notwendigen Transport muss der Hund so fixiert werden, dass niemand gefährdet wird. Bevor man selbst zum Opfer des eigenen Mutes und einer Überschätzung seiner Fähigkeiten wird, gilt als sicherste Maßnahme, die Polizei zu rufen. Geübte Organisationen, die mit der Polizei in Kontakt stehen, oder die Polizei selbst verfügen über Fangstangen und das richtige Gerät, um einen Hund zu sichern.

Wenn diese Möglichkeit – aus welchen Gründen auch immer – nicht besteht, würde man wie folgt vorgehen: Das oberste Ziel muss dabei immer sein, ein Beißen zu verhindern. Auch wenn der Hund es nicht böse meint, wird er notfalls auf diese Lösung zurückgreifen, weil er keine Alternative hat. Eine Art Maulschlaufe, wie man sie auch in der Tierarztpraxis verwenden würde, kann jeder schnell selbst basteln: Dafür eignen sich am besten formstabile, möglichst unelastische Binden aus dem Erste-Hilfe-Koffer. Man macht nun eine große Schlinge mit einfachem Knoten, die man mit genügend Abstand der Hände über die Schnauze des Hundes gleiten lässt, sodass sich der Knoten auf dem Nasenrücken zuziehen lässt. Mit schnellem Griff fasst man unter die Schnauze, überkreuzt die Enden der Binde und führt sie im Nacken des Hundes zusammen. Die losen Enden verknotet man straff hinter den Ohren. Der Hund kann nun nicht mehr beißen und gefahrlos transportiert werden. Allerdings ist es ihm auch hier, wie bei der Nylon-Maulschlaufe, nicht mehr möglich, groß zu hecheln, und er sollte daher unbedingt nur kurzfristig so gesichert werden. Wie lang dieser Zeitraum ist, lässt sich nur individuell entscheiden und hängt maßgeblich von dem Hund, seinem gesundheitlichen Status und der Witterung selbst ab.

Der Hund sollte mit der angelegten Schlaufe auf jeden Fall durchgehend unter Beobachtung stehen, damit schnell reagiert werden kann. Wird der Hund nach einem Unfall beispielsweise bewusstlos, muss die Binde aufgrund drohender Erstickungsgefahr sofort gelöst werden, falls sich der Hund erbrechen muss. Zuvor sollte er aber unbedingt mit einer Leine, einem Gürtel oder einem anderen Zubehör gesichert werden. Hunde können in einem gewissen Dämmerzustand, in dem sie auch nicht ansprechbar oder ablenkbar sind, angst- oder schmerzbedingt wild um sich beißen.

Vom Stellvertreterkonflikt zum Ernstfall – ein möglicher Trainingsaufbau

Ein Hundetraining, das mit dem Besitzer zusammen das problematische Verhalten eines Hundes bearbeitet, sollte sich an dessen Motivation für die Aggression orientieren. Es ist unmöglich, in allen Fällen die individuellen und detaillierten Auslöser für ein Verhalten zu definieren – sie anhand des Verhaltens erraten zu wollen, birgt große Risiken, was den Trainingsansatz angeht. Für den Hund selbst, der zwar sein Leben auch aufgrund eigener Erfahrungswerte lebt, ist es nicht relevant, was er einst erfahren hat, für seinen Halter ist wichtig, dass das akute Problem bearbeitet wird – gegebenenfalls auch zum Schutz anderer Tiere oder Menschen.

Betrachtet man verschiedene Motivationsgründe, dann kommt man auch nicht umhin zu erwähnen, dass einige Ursachen für Aggressionsverhalten in ihren Grenzen verschwimmen. Ein Hund, der statusbedingt aggressiv agiert, also innerhalb seiner Gruppe seinen eigenen Status als Konflikt ansieht, kann, sofern er sich in seinem Status dazu berechtigt fühlt, auch in anderen Konfliktsituationen aggressiv reagieren. Sozial motiviert pöbelt er möglicherweise an der Leine und lässt es sich nicht verbieten. Er verteidigt sein Revier und lässt es sich nicht verbieten. Er streitet um Ressourcen und lässt es sich nicht verbieten. Statusbedingte Motivationen finden sich in vielen Bereichen wieder – und das wiederum bedeutet, dass die Bearbeitung des Statuskonflikts auch an anderer Stelle aggressives Verhalten reduzieren oder gar verschwinden lassen kann.

Das Problematische an der durch Status motivierten Aggression ist, dass sie sich gegen alle Mitglieder der Gruppe richtet – und oftmals sind es die Menschen, die den Status anzweifeln (müssen), auch wenn sie in manchen Fällen nicht einmal bemerken, welche Diskussion der Hund gerade mit seinem Halter führt. Es gibt Erziehungsansätze, die den meisten interessierten Hundehaltern schon untergekommen sind und die heutzutage häufig als »völliger Quatsch« abgetan werden: Der Hund darf nicht aufs Sofa oder ins Bett, er darf nicht vor dem Halter durch die Haustür oder vor ihm laufen. Was an diesem Ansatz oft missverstanden wird, ist, dass es um das Sofa, die Haustür oder die Position beim Spaziergang ginge. Tatsächlich geht es aber um das Dürfen. Sieht sich ein Hund in einer Position zu seinem Halter, in der er bestimmen kann, was er darf, wird er es sich nicht verbieten lassen und seine Argumentation mit den Zähnen führen, sofern er daraus motiviert aggressives Verhalten zeigt.

Es gibt Hunde, die rassebedingt, charakterbedingt oder aus anderen Gründen einen besseren Status zu erreichen versuchen. Bei solchen Hunden geht es immer darum, etwas durchzusetzen. Trainingsansätze betrachten deswegen das Zusammenleben im Allgemeinen und konzentrieren sich darauf, das Fundament der Haltung neu zu gestalten. Über scheinbar unbedeutende und deswegen möglichst ungefährliche stellvertretende Konfliktsituationen entsteht in der Übung eine Diskussion, die der Halter »gewinnen« kann, weil er den Ablauf bestimmt. Wie so ein stellvertretender Ansatz aussehen kann, ist hoch individuell, weil er auf den Halter, den Hund und die Problematik im eigentlichen Konflikt abgestimmt sein muss: bei einem Hund, der statusbedingt aggressiv mit Nahrung umgeht, wählt man eine andere Übung, als wenn er versucht, diesen Konflikt über (Bewegungsfrei-)Räume auszutragen.

Hunde können auf solche Veränderungen unterschiedlich reagieren. Typisch ist, dass sich die Problematik zuerst zu verschlimmern scheint, denn natürlich begreift der Hund schnell, worum es eigentlich geht. Bei Hunden, die in solchen Fällen regelrecht wütend werden oder stark auf Impulse reagieren, rentieren sich Übungen, die die Frusttoleranz und Impulskontrolle verbessern. Solche Übungen werden selten berücksichtigt, gerade in den ersten Monaten nach dem Einzug als Welpe. Anstatt Kaustangen zu reichen und Bälle zu werfen, sollten besonders die impulsiven Rassen gerade hier von Anfang an in den Bereichen trainiert werden, für die sie genetisch bedingt keine Stärken mitbringen.

Die Übungen in diesem Bereich sind vielfältig und lassen sich besonders gut an das individuelle Hund-Halter-Team anpassen. Und allzu oft stellt sich – gerade bei jungen Hunden – heraus, dass der Hundehalter viel mehr Anleitung benötigt und sich selbst viel mehr disziplinieren muss als der Hund. Übungen zur Frusttoleranz und Impulskontrolle verbessern auch Problematiken, die sowohl auf umgelenkter als auch auf umadressierter Aggression basieren. Ein Hund, der gelernt hat, mehr auszuhalten, bleibt länger ansprechbar.

Sind Hunde durch Besitzer, die viel versucht haben und gegebenenfalls aus Hilflosigkeit in ein »Aufrüsten« der Mittel verfallen sind, abgestumpft, ist es wichtig, die Besitzer darin zu bestärken, besonders pingelig und detailverliebt kleinste Teilschritte zu erarbeiten. Vor dem eigentlichen Training muss der Hund lernen, seinem Besitzer die Aufmerksamkeit zu schenken, die für weitere Erfolge notwendig ist. Oft hilft es, sich im Training auf das Gegenteil von dem zu konzentrieren, was bisher angewandt wurde: Wurde viel über Gehorsam über Befehle versucht, setzt man beispielsweise bei einer rein körpersprachlichen Kommunikation an. Demgegenüber stehen solche Hunde, die stressbedingt und/oder aufgrund ihrer Veranlagung bereits so hochgefahren wurden, dass sie deswegen abgestumpft wirken, weil sie keine Kapazitäten mehr haben, um Reize aufzunehmen. Das

Training kann in solchen Fällen immer erst dann stattfinden, wenn der stressbedingte Hormonspiegel des Hundes verändert ist – und dafür ist jede Art von Training oder möglicherweise sogar die schiere Aufmerksamkeit abträglich. Die Appetenz, also die Erwartungshaltung und Handlungsbereitschaft eines Hundes, ist hormonbeeinflusst und in seiner Konditionierung oft selbstbelohnend (siehe dazu Exkurs »Kleine Hormonlehre« siehe Seite 67). Hunde in einer hohen Erwartungshaltung sind deswegen nur schwer ansprechbar. Ein Training muss frühzeitig und vorausschauend aufgebaut sein, um eine Verhaltensveränderung bewirken zu können. Besonders anfällig für Appetenzproblematiken sind die hochreaktiven Gebrauchshundetypen wie Malinois, Deutsche Schäferhunde und Border Collies (aber nicht nur diese).

Ganz anders verhält es sich mit dem Training bei einer tatsächlichen Angstaggression. Während man bei den meisten anderen Motivationen kontrolliert durch stellvertretende Ansätze sichern kann, dass das Training bedingt ungefährlich verläuft, ist der Einstieg bei Angst praktisch immer in extremen Bereichen. Ein angstaggressiver Hund wird innerlich wie äußerlich die angstauslösenden Situationen vermeiden, weswegen es kaum eine Möglichkeit gibt, stellvertretend zu arbeiten. Um Angst zu nehmen, muss der Hund lernen, dass es keinen Grund für Angst gibt. Das kann er nur, wenn er der Situation, die die Angst auslöst, ausgesetzt ist und in ihr eine andere Erfahrung machen kann, als die, die ihm seine bisherige Erfahrung suggeriert hat.

Ein Hund, der aus Angst aggressiv reagiert, befindet sich an einem Punkt, an dem er glaubt, um sein Leben kämpfen zu müssen – er kommuniziert nicht mehr und kann andere Reize nicht mehr wahrnehmen. Das wiederum bedeutet, dass eine Bearbeitung des Problems immer extrem beginnen muss, um eine Konfrontation und damit eine neue, positive Erfahrung zu ermöglichen.

Das Training mit angstaggressiven Hunden ist nur möglich, wenn der Hund ausreichend gesichert ist – auch wenn man ihm aus Mitgefühl mehr ersparen als aufbürden möchte. Ein Hund, der vermeintlich um sein Leben kämpft, ist eine Gefahr für Leib und Leben. Auch wenn angstaggressive Hunde nicht die Mehrheit aller Fälle ausmachen, sollte der Hundetrainer in diesem Bereich über Erfahrung verfügen.

Die Gemeinsamkeiten und Unterschiede im Training von aggressiven Hunden machen das individuelle Training aus. Die große Herausforderung für einen Hundetrainer ist, das Training unter Berücksichtigung der Möglichkeiten des Halters zu gestalten. Es ist nicht nur die Lerntheorie, die man beherrschen muss, und es reicht nicht, nur die biologischen Grundlagen zu kennen – essenziell sind die Fähigkeit und der Willen, den Halter zu stärken und ihm zu helfen. Dabei sind alle Varianten legitim: das Weiterleiten an einen Kollegen, den man für geeignet hält, die eigene Fortbildung und das Training an sich.

Ausblick: Aggression – so normal und doch so gefürchtet

»Es gibt keine ›gefährlichen Hunderassen‹, es gibt gefährliche Hundeindividuen. Der Begriff ›gefährlicher Hund‹ ist unbedingt unabhängig von der Rassezugehörigkeit zu benennen, vielmehr rasseneutral für Individuen über bestimmte Merkmale zu definieren. (…) Die Begriffe Aggressivität und Gefährlichkeit schließlich sind nicht synonym zu setzen: Gefährliche Hunde müssen nicht aggressiv motiviert und aggressive Hunde nicht gefährlich sein!« (Dorit Feddersen-Petersen, 2001)

Das Ziel dieses Buches war es, dem Leser verständlich zu machen, dass Aggression immer eine Ursache hat, die in den meisten Fällen einen natürlichen Hintergrund hat. Aggression ist sinnvoll, sie ist ein kommunikatives Mittel, und weil sie Kommunikation ist, kann man auch über sie reden. So wenig, wie eine Beziehung zwischen zwei Menschen immer harmonisch und völlig konfliktfrei ablaufen kann, so wenig ist es möglich, das mit einem Partner zu erreichen, der nicht einmal ein Artgenosse ist und unsere Sprache nicht spricht. Ein Streit mit einem Partner, der scharfe Zähne hat, muss anders verlaufen, als der zwischen zwei Menschen. Um ein Gefühl dafür zu vermitteln, wie normal Aggression ist, muss man sich mit ihren verschiedenen Aspekten und Varianten beschäftigen – weiß man um ihre Eigenarten, kann man einen Konflikt besser annehmen und verfällt weniger schnell in das Gefühl der Hilflosigkeit und Handlungsunfähigkeit. Was der Sache – also dem Aggressionsverhalten des Hundes – nicht zuträglich ist, ist eine Dämonisierung dieses Verhaltens. Wenn Menschen, die mit solchen Hunden aus dem einen oder anderen Grund umgehen müssen, vorverurteilt werden, wenn ihre Kompetenz angezweifelt oder ihr Blick auf die Lage belächelt wird. Zu schwer wiegt das Leid, das viele von ihnen empfinden und möglicherweise aus Sorge und Liebe zum eigenen Haustier nicht aussprechen. Sie benötigen Unterstützung ... und die muss von verantwortungsvoll handelnden Hundetrainern kommen, die sich, dem Ernst der Lage bewusst, fortbilden und mit Umsicht diese wichtige Aufgabe übernehmen.

KONTAKT ZU DEN AUTOR/INNEN

Nora Brede
Aus- und Weiterbildung
für Hundetrainer
www.kynologisch.net

Ute Heberer
www.tiere-in-not-odenwald.de
www.hundecampus-odenwald.de

Normen Mrozinski
www.nomro.de

DANK

Nora Brede: »Ohne Anti, den immer auf Krawall gebürsteten Schäferhund-Mischling, der auch seinen Weg in den Bilderabschnitt dieses Buches gefunden hat, wäre ich kein Teil dieses Autorenteams geworden. Ich hätte Franziska Ferenz nicht kennen gelernt, ohne die ein Großteil der Bilder so nicht zustande gekommen wäre – und die mir immer mit fachlichem Rat zur Seite stand. Ich hätte Ines Kivelitz nicht getroffen, die mich aufgenommen hat, um in ihrer inspirierenden Welt aus Galgos und Owtscharkas von ihr zu lernen, zu beobachten und zu schreiben. Karen Körtge nicht, die meinen Blick auf die Haltung statusbedingt aggressiver Hunde verändert hat – und auch nicht Jennifer Rotter, ohne deren unglaubliche Freude an Worten mir eben davon viele gefehlt hätten. Katja Leicht, die mir ermöglicht hat, das Thema aus der behördlichen Perspektive zu betrachten, die kannte ich, weil Biologinnen mit Hundetick sich einfach kennen müssen. Nur Heiko Potthast, den hätte ich auch so gekannt. Er ist bis heute Antis zweitgrößter Groupie, das weltbeste Herrchen. Meine Mutter und Rudolf – ich danke Euch allen für Euren Enthusiasmus und Eure Unterstützung. Ein besonderer Dank geht an all die Hundehalter mit ihren großartigen Hunden, vor allem den verbissen Diskutierenden, die hier nun fotografisch verewigt sind.«

Ute Heberer: »Ich möchte mich bei all den wunderbaren Hunden mit ihrer einzigartigen Körpersprache bedanken, die mich gelehrt haben, immer genauer hinzusehen und zu verstehen. Tausende ihrer Art und doch jedes einzelne Individuum haben mich inspiriert, die faszinierende Welt ihres Ausdrucksverhaltens zu beschreiben und den Menschen zu übersetzen, um etwas mehr Verständnis zu erreichen für unsere Hunde, die uns so nah sind und doch so geheimnisvoll. Darüber hinaus danke ich meiner Familie und meinen Freunden von Herzen für ihre Geduld und besonders herzlich den Menschen, die mir viel meiner täglichen Arbeit abnahmen und mir somit den Rücken freihielten, damit ich schreiben konnte.«

Normen Mrozinski: »Ich danke meiner Frau Nina und allen Freundinnen und Freunden, die hier aufzuzählen, jeden Rahmen sprengen würde.«

Ein besonderer Dank des Verlags und aller Autoren gilt Frau Dr. Dorit Feddersen-Petersen für ihre fachliche Begleitung und ihr Geleitwort.
Verlag und Autoren danken der Firma chic & scharf (www.chicundscharf.com) für den für das Coverfoto zur Verfügung gestellten Maulkorb.

EMPFEHLENSWERTE LITERATUR UND QUELLEN

Askew, Henry (1997): **Behandlung von Verhaltensproblemen bei Hund und Katze**; Blackwell

Beaver, Bonnie (1983): **Clinical classification of canine aggression**; Applied Animal Behaviour Science

Bekoff, Marc (2010): **Tugend und Leidenschaft im Tierreich**; Animal Learn Verlag

Calkins, C. M., Bensard, D. D., Partrick, D. A. & Karrer, F. M. (2001): **Life-threatening dog attacks: a devastating combination of penetrating and blunt injuries**; Journal of Pediatric Surgery

Cannon, Walter B. (1915): **Wut, Hunger, Angst und Schmerz: eine Physiologie der Emotionen**; Urban & Schwarzenberg 1975

Cao, X. et al. (2015): **Balancing Selection on CDH2 May Be Related to the Behavioral Features of the Belgian Malinois**; PLOS ONE

De Dreu, C. et al. (2011): **Oxytocin promotes human ethnocentrism**; PNAS

Dodman, N., Shuster, L. & Ginns, Edward (2010): **A canine chromosome 7 locus confers compulsive disorder susceptibility**; Molecular Psychiatry

Duffy, D. L., Hsu, Y. & Serpell, J. A. (2008): **Breed differences in canine aggression**; Applied Animal Behaviour Science

Feddersen-Petersen, Dr. Dorit, U. (2013): **Hundepsychologie. Mit 90 Minuten Hundefilmen auf DVD**; Kosmos

Feddersen-Petersen, Dr. Dorit, U. (2008): **Ausdrucksverhalten beim Hund. Mimik und Körpersprache, Kommunikation und Verständigung**; Kosmos

Feddersen-Petersen, Dr. Dorit, U. (2001): **Hunde und ihre Menschen: Sozialverhalten, Verhaltensentwicklung und Hund-Mensch-Beziehung als Grundlage von Wesenstests**; Kosmos

Feddersen-Petersen, Dr. Dorit, U. (1998): **Verhaltensstörungen bei Hunden – Versuch ihrer Klassifizierung**; Deutsche tierärztliche Wochenschrift, 98, S. 1–40

Feddersen-Petersen, Dr. Dorit, U. (2001): **Zur Biologie der Aggression des Hundes**; Deutsche tierärztliche Wochenschrift 108, S. 94–101

Gansloßer, Udo & Strodtbeck, Sophie (2012): **Angst beim Hund**; Schweizer Hundemagazin

Gattermann, Rolf (2006): **Wörterbuch zur Verhaltensbiologie der Tiere und des Menschen**; Spektrum-Verlag, 2. Auflage

Gerrig, Richard, J. u. Zimardo, Philip G. (2016): **Psychologie**; Pearson

Grewe, M. & Meyer, I. (2010): **Hunde brauchen klare Grenzen: Gesetze einer Freundschaft**; Kosmos

Handelman, Barbara (2010): **Hundeverhalten: Mimik, Körpersprache und Verständigung, mit über 800 ausdrucksstarken Fotos**; Kosmos

Heinze, S., Feddersen-Petersen, D. U., Tsokos, M., Buschmann, C. & Püschel, K. (2014): **Tödliche Attacken von Hunden auf Kinder – Aktualgenese und Motivation bei spezifischer Kasuistik und bestimmten pathomorphologischen Veränderungen**; Springer-Verlag

Jedrzejewski, W., Schmidt, K., Theuerkauf, J., Jedrzejewska, B. & Okarma, H. (2001): **Daily movements and territory use by radio-collared wolves (Canis lupus) in Bialowieza Primeval Forest in Poland**; Canadian Journal of Zoology

Kappeler, Prof. Dr. Peter, M. (2011): **Verhaltensbiologie;** Springer Science

Kegel, Bernhard (2009): **Epigenetik: Wie Erfahrungen vererbt werden;** Dumont

Kiesel, Andrea u. Koch, Iring (2011): **Grundlagen der Lernpsychologie;** VS-Verlag

Konno, A., Inoue-Murayama, M. & Hasegawa, T. (2011): **Androgen receptor gene polymorphisms are associated with aggression in Japanese Akita Inu;** Biology Letters

Lorenz, Konrad (1963): **Das sogenannte Böse: Zur Naturgeschichte der Aggression;** dtv Wissen, 1998

Lorenz, Konrad (2010): **So kam der Mensch auf den Hund;** DTV

Matthews, N. (2011): **Duell auf offener Straße: Wenn sich Hunde an der Leine aggressiv verhalten;** Cadmos

Mech, L. D., Adams, L. G., Meir, T. J., Burch, J. W. & Dale, B. W. (1998): **The wolves of Denali;** University of Minnesota Press

Montoya, E. R., Terburg, D., Bos P. A. & von Honk, J. (2012): **Testosterone, cortisol, and serotonin as key regulators of social aggression: A review and theoretical perspective**

Nagasawa, M. et al. (2015): **Oxytocin-gaze positive loop and the coevolution of human-dog bonds;** Science

Nelson, Randy (Hrsg., 2006): **Biology of Aggression,** Oxford University Press

O'Heare, James (2003): **Das Aggressionsverhalten des Hundes: Ein Arbeitsbuch;** animal learn

Overall, Karen (1997): **Clinical Behavioral Medicine For Small Animals;** Elsevier

Riedel, Katja (2014): **Niedersächsischer Wesenstest seit Abschaffung der Rasseliste von Oktober 2003 bis März 2013 – Eine Analyse der „auffälligen" Rassen;** Inaugural-Dissertation, Tierärztliche Hochschule Hannover

Rütter, Martin (2011): **Aggression beim Hund: Ursachen erkennen, Verhalten verstehen und richtig reagieren;** Kosmos

Schmahl, Christian & Stiglmayr, Christian (2009): **Selbstverletzendes Verhalten bei stressassoziierten Erkrankungen;** Kohlhammer

Schwartz, Stefanie (2003): **Separation anxiety syndrome in dogs and cats;** Journal of the American Veterinary Medical Association

Scott, John & Fuller, John (1965): **Genetics and the social behavior of the dog;** The University of Chicago Press
Salgirli, Yasemin & Dodurka, Tamer (2011): **The first report of self-directed aggression in a stray dog in Turkey;** Journal of Veterinary Behavior
Siegel, Allan & Shaik, Majid B. (1997): Th**e neural bases of aggression and rage in the cat;** Aggression and Violent Behavior
Stern, Horst (1983): **Bemerkungen über Hunde;** Rowohlt
Trumler, Eberhard (1989): **Hunde ernst genommen;** Piper Verlag
Van Lawick-Goodall, Jane (1971): **In the Shadow of Man;** William Collins Sons & Co.
Wahl, Klaus (2009): **Aggression und Gewalt;** Spektrum
Wagner, C. et al. (2012): **Wolf (Canis lupus) feeding habits during the first eight years of its occurrence in Germany;** Mammalian Biology
Watzlawick, P., Beavin, J. H. & Jackson, D. D. (2007): M**enschliche Kommunikation. Formen, Störungen, Paradoxien;** Huber Verlag, 11. unveränderte Auflage
Zimen, Erik (1971): **Wölfe und Königspudel. Vergleichende Verhaltensbeobachtungen;** Piper
Zimen, Erik (2010): **Der Hund: Abstammung – Verhalten – Mensch und Hund;** Goldmann Verlag

REGISTER

BILDNACHWEIS
Mit 68 Farbfotos von Nora Brede (antist.net)

IMPRESSUM
Umschlaggestaltung von Frank Niedertubbesing, init Kommunikationsdesign, unter Verwendung eines Farbfotos von Armin Hauke (Picturegrafie).

Mit 68 Farbfotos

Unser gesamtes Programm finden Sie unter **kosmos.de**.
Über Neuigkeiten informieren Sie regelmäßig unsere Newsletter, einfach anmelden unter **kosmos.de/newsletter**

MIX
Papier | Fördert gute Waldnutzung
FSC® C014889

Gedruckt auf chlorfrei gebleichtem Papier

ISBN 978-3-440-14774-0
Redaktion: Ute-Kristin Schmalfuß
Gestaltungskonzept: Populärgrafik, Stuttgart
Gestaltung und Satz: Kristijan Matić, Kullmann & Partner GbR, Stuttgart
Produktion: Andrea Hehn
Druck und Bindung: Friedrich Pustet GmbH & Co. KG, Regensburg
Printed in Germany / Imprimé en Allemagne